C.L.R.

Janine et Jean-Claude Lucas
Jérôme Rosa
Professeurs des écoles
Samuel Coruble

CM

1000 problèmes

Corrigés et évaluations

hachette
ÉDUCATION

Avant-propos

Ce livret destiné au maître complète l'ouvrage des *1 000 problèmes* pour l'élève.
Il se divise en deux parties.

- Dans la première, nous donnons les corrigés de tous les problèmes. Nous présentons parfois plusieurs démarches pour parvenir au résultat.
- Dans la seconde, nous proposons des problèmes d'évaluation que l'enseignant pourra librement utiliser en les proposant à ses élèves. La correction de ces problèmes est donnée à la fin du livret.

Les auteurs

Maquette de couverture et de l'intérieur : Estelle Chandelier
Mise en page et dessins techniques : Laëtitia Belot

ISBN : 978-2-01-117532-8
www.hachette-education.com

Table des matières

CORRIGÉS DU LIVRE DE L'ÉLÈVE

I Comprendre et résoudre

II Nombres et calcul

III Grandeurs et mesure

I COMPRENDRE ET RÉSOUDRE

Poser l'opération

page 8

1 Population totale du village : 315 + 258 = 573.

2 Production journalière totale : 2 235 + 1 600 + 1 000 = 4 835.

3 Prix total de cette encyclopédie (en €) : 22 × 18 = 396.

4 Somme dont dispose Lilia (en €) : 23 × 3 = 69.

5 Consommation d'œufs dans cette cantine : 25 × 12 = 300.

6 Somme rapportée par la vente (en €) : 208 × 2 = 416.

7 Nombre de bouteilles produites en 25 jours : 650 × 25 = 16 250.

8 Masse indiquée sur la balance (en kg) : 21,5 + 26 = 47,5.

9 Nombre d'îles habitées : 2 200 – 2 167 = 33.

10 Kilomètres parcourus en moyenne chaque année : 120 000 : 28 = 4 285 (arrondi).

11 Somme rapportée par la vente des fleurs (en €) : 6 400 × 0, 60 = 3 840.

12 Nombre d'exemplaires imprimés : 175 × 45 = 7 875.

13 Prix de revient d'un tirage (en €) : 9,90 : 90 = 0,11.

14 Quantité de chacune des farines (en g) : 900 : 3 = 300.

15 Quantité d'essence restante dans le réservoir (en L) : 48 – 36 = 12.

16 Nombre d'albums détenus à eux deux : 6 + 6 = 12.

17 Quantité de calcium dans 500 g de fruits (en mg) : 60 × 5 = 300.

18 Âge de Christophe (en années) : 32 + 3 = 35.

19 Nombre de tours de circuit effectués : 12 : 4 = 3.

20 Augmentation de la production (en nombre de films) : 240 – 146 = 94.

21 Nombre de voitures Ford vendues : 800 : 4 = 200.

22 Nombre de jours passés en plus par Tudual : 104 – 92 = 12.

Choisir la question

page 10

23 N° 2.

24 N° 3.

25 N° 1.

26 N° 2.

27 N° 1.

28 N° 3.

29 N° 3.

30 N° 3.

31 N° 2.

32 N° 3.

33 N° 2.

34 N° 2.

Trouver la question

page 12

35 Combien de pages totalise la nouvelle édition ? 1088 + 80 = 1 168.

36 Combien ce cahier vaut-il maintenant (en €) ? 1,60 + 0,25 = 1,85.

37 Quelle est la quantité totale de confiture préparée par ma grand-mère (en g) ?
350 × 6 = 2 100.

38 Quelle est la longueur totale des frontières françaises (en km) ?
3 100 + 2 100 = 5 200.

39 Quelle est la différence d'altitude entre l'Everest et le mont Blanc (en m) ?
8 846 – 4 808 = 4 038.

40 Combien de porcs lui reste-t-il ?
350 – 45 = 305.

41 Quel est le nombre de grumes transportées à chaque voyage ?
102 : 3 = 34.

42 Quelle est la masse du rorqual bleu (en tonnes) ? 4 × 30 = 120.

43 Quelle est l'augmentation des mouvements d'avion dans les aéroports entre 2006 et 2007 ?
1 552 160 – 1 541 118 = 11 042.

44 Combien Maxime possède-t-il (en €) ?
37 – 7,50 = 29,50.

45 Combien de jours de vacances lui reste-t-il ? 15 – 7 = 8.

46 Quelle est l'espérance de vie au Japon (en années) ? 37 + 45 = 82.

47 Quelle sera la production totale du verger (en kg) ? 160 × 9 = 1 440.

48 Quelle distance accomplit Gauthier par jour (en m) ? 600 × 4 = 2 400.

49 Quelle est la somme totale perçue au bout des 9 mois (en €) ?
9 × 205 = 1 845.

50 Quelle somme reviendra à chaque classe (en €) ? 7775 : 5 = 1 555.

51 Quelle a été l'augmentation du taux de récupération (en %) ?
60,3 – 35,2 = 25,1.

52 Combien de tours de circuit la course compte-t-elle ? 972 : 18 = 54.

53 Combien pèse un sachet (en g) ?
32 : 20 = 1,6.

54 Quel est le montant total de sa facture téléphonique (en €) ?
29,50 + 5,20 = 34,70.

55 Quelle est la quantité d'eau non salée disponible pour 100 litres (en L) ?
100 – 97, 5 = 2,5.

56 Quelle est la distance entre la Terre et la planète Mars (en millions de km) ?
227,9 – 149,6 = 78,3.

57 De combien a augmenté la vitesse du TGV Atlantique (en km/h) ?
574,8 – 480 = 94,8.

58 Combien l'Italie a-t-elle d'habitants ?
410 700 × 145 = 59 551 500.

59 Combien y a-t-il d'eau douce sous terre (en %) ? 100 – (76 + 1,46 + 0,03) = 22,51.

Supprimer les informations inutiles

page 14

60 Informations inutiles : de CM2 – âgés de 11 à 12 ans – pesant en moyenne 450 g chacun. Nombre total de livres distribués : 5 – 28 = 140.

61 Informations inutiles : pour la rentrée scolaire – pointure 34 – pointure 35. Différence de prix entre les deux paires (en €) : 47 – 43 = 4.

62 Informations inutiles : avec un appareil photo équipé d'un capteur de 10 mégapixels, d'un téléobjectif 70-300 mm et d'un pare-soleil valant 14,50 €. Nombre de clichés pouvant être présentés : 6 × 24 = 144.

63 Informations inutiles : soupe bio ; jardin frais aux légumes du sud ; – 25 % de sel ; 1,75 €. Quantité de soupe servie (en cL) : 75 × 2 = 150.

64 Informations inutiles : lors d'une étape du Tour de France 2009 – le peloton, composé de 176 coureurs âgés de 22 à 40 ans. Longueur de l'étape (en km) : 118 + 80 = 198.

65 Informations inutiles : élève de 6e – âgé de 14 ans – élève de 4e. Différence de taille entre les deux garçons (en m) :
1,65 – 1,40 = 0,25.

66 Informations inutiles : sur lequel on peut programmer 10 enregistrements sur 15 jours – garantie deux ans – de trois ans. Somme totale qu'ils devront verser (en €) : 299 + 50 = 349.

67 Informations inutiles : au recensement – en Ardèche – dans le même département. Nombre d'habitants à Saint-Agrève en 2006 : 1 243 + 1 400 = 2 643.

68 Informations inutiles : vers 8 h 30 – âgé de 63 ans. Dépense par semaine pour son journal (en €) : 0,90 × 6 = 5,4.

69 Informations inutiles : mesure 2 460 mètres – hauteur maximale de 343 mètres. Masse totale du viaduc (en tonnes) : 36 000 + 205 000 = 241 000.

70 Informations inutiles : équipé d'un plateau 44 dents et d'une roue libre de 18 dents – la masse du vélo est de 14,5 kg. Montant de chaque versement (en €) : (165 + 27) : 2 = 96.

71 Informations inutiles : de pommes au caramel – qui a duré 1 h 15 min.
Nombre de pots complets remplis :
(5 + 4) – 1,650 = 7,35 ;
7,35 : 0,45 = 16,33 ; soit 16 pots complets.

72 Informations inutiles : repart pour 12 km – à 17 h 15. Nombre de colis déposés au cours du quatrième arrêt : 28 – (7 + 9 + 9) = 28 – 25 = 3.

73 Informations inutiles : sur France 3 – le jeudi 3 novembre – a débuté avec quatre minutes de retard.
Durée du film (en h et min) :
22 h 10 min – 20 h 35 min
= 21 h 70 min – 20 h 35 min = 1 h 35 min.

74 Informations inutiles : le samedi 23 mai – mesurant chacune 3 mètres de longueur pour une largeur de 14 cm. Prix de revient du matériel nécessaire à la réalisation de leur terrasse (en €) :
(32 × 7,30) + (12 × 3,90) + 15,80
= 233,60 + 46,80 + 15,80 = 296,20.

75 Informations inutiles : profondeur de 35 cm – chaque bibliothèque peut supporter un poids de 150 kg.
Longueur totale de rangement (en cm) :
(90 × 5) × 17 = 7 650.

S'aider d'un croquis

page 16

76 6 coups de couteau font 7 parts.

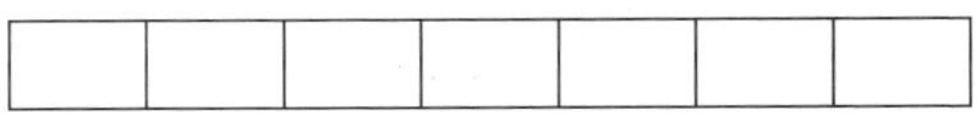

77 4 coups de ciseaux font 5 morceaux de corde.
Mesure d'une longueur (en m) : 10 : 5 = 2.

78 Nombre de cartes par enfant :
18 : 3 = 6.

79 Longueur de chaque parcelle (en m) : 120. Largeur de chaque parcelle (en m) : 70 : 2 = 45.

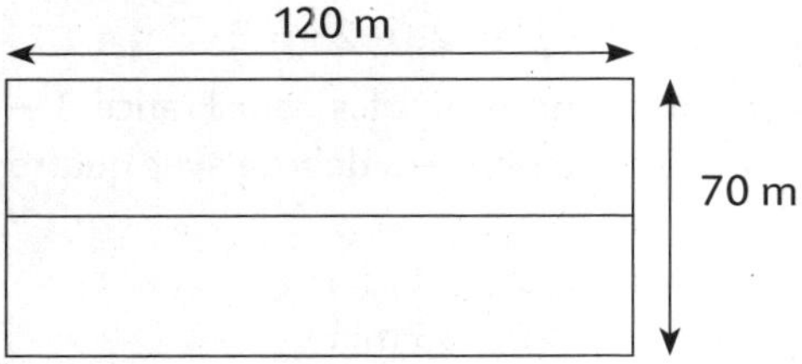

80 Distance Amiens-Lille (en km) : 500 – (230 + 150) = 500 – 380 = 120.

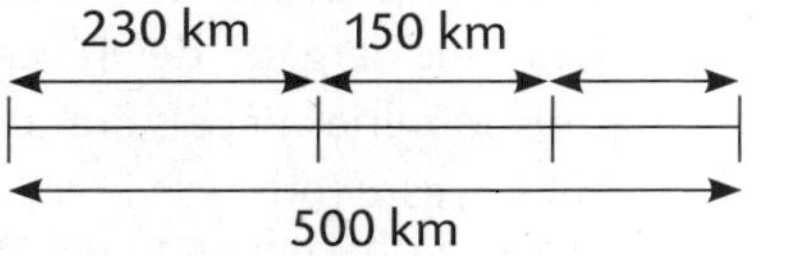

81 Longueur des bûches obtenues (en m) : 1,60 : 3 = 0, 53.

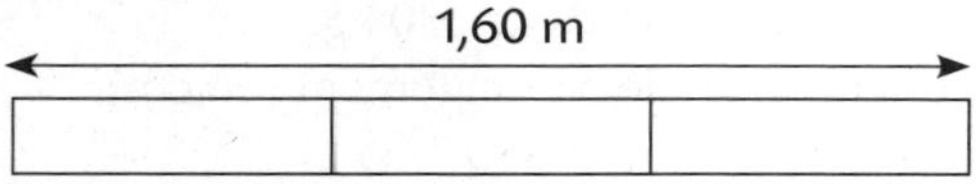

82 Augmentation de la température (en degrés) : 3 + 4 = 7.

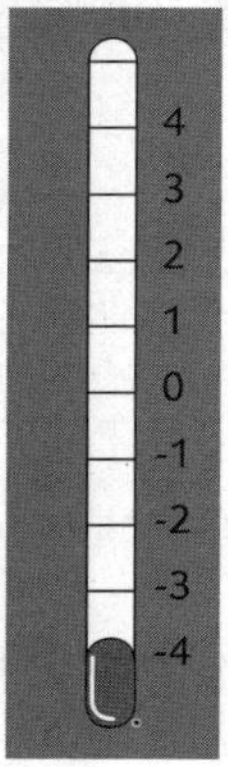

83 Durée du trajet (en h et min) :
24 h – 18 h 10 = 23 h 60 – 18 h 10
= 5 h 50 min.

5 h 50 + 1 h 15 = 6 h 65 ; soit 7 h 05 min.

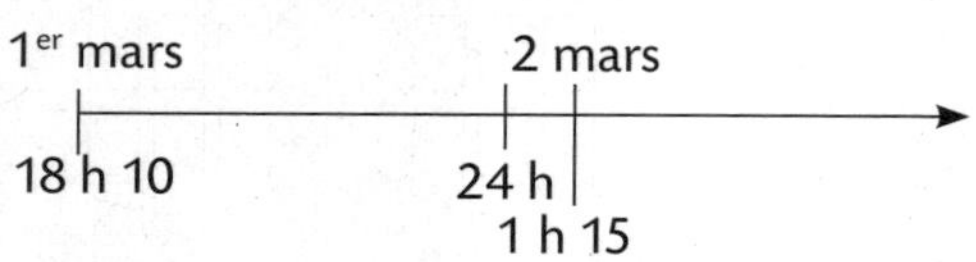

84 Périmètre du bassin (en m) :
4 × 2,40 = 9,6 m.
Longueur de la clôture sur un côté (en m) :
2,40 + 2 = 4,40.
Longueur de la clôture (en m) :
4,40 × 4 = 17,6 m.

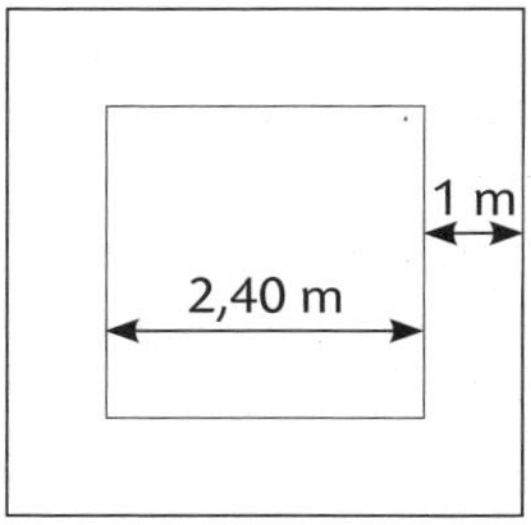

85 Périmètre du terrain rectangulaire (en m) : 2 × (15 + 8) = 46.

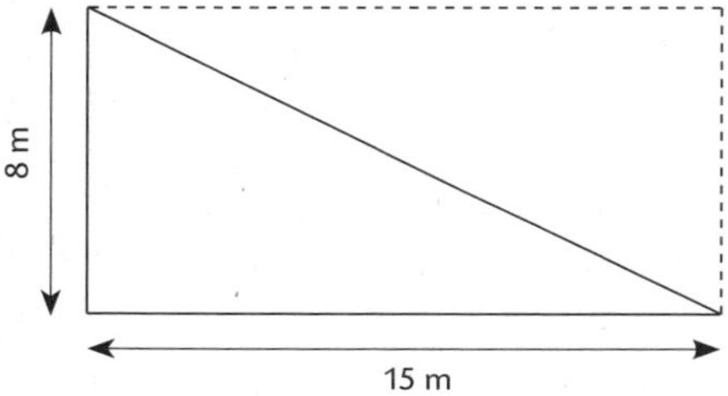

86 Nombres de troènes à acheter :
1 800 : 30 = 60 ; 60 – 2 = 58.

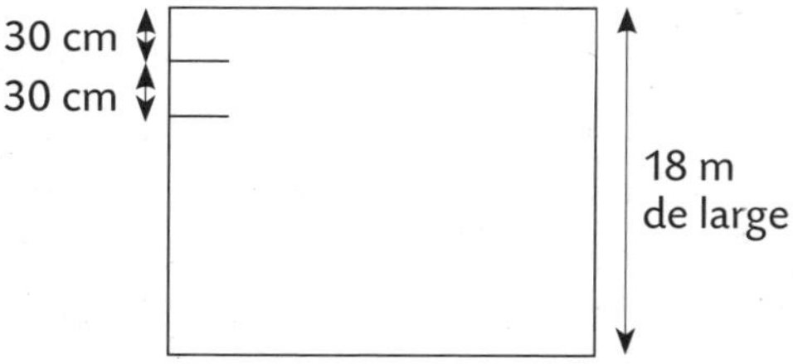

87 Quel est le périmètre du jardinet ?
Combien faut-il planter de rosiers ?
Périmètre du jardinet (en m) :
4 × 7 = 28 m ; soit 2 800 cm.
Nombre de rosiers : 2 800 : 50 = 56.

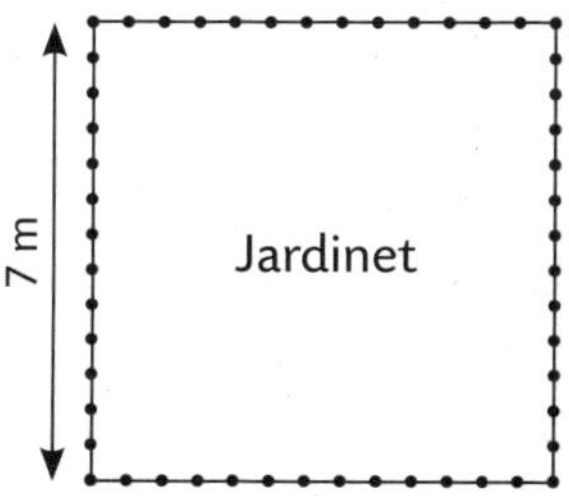

88 Cinq traits de scie font 6 morceaux.
Longueur de la planche (en cm) :
35 × 6 = 210 ; soit 2,10 m.

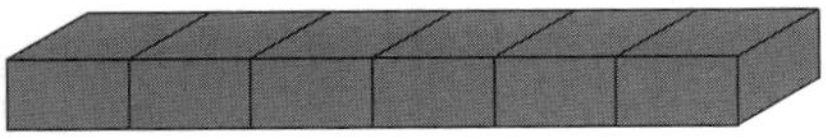

89 2,50 m = 250 cm
Nombre d'ampoules qui composent la guirlande :
[250 – (35 × 2)] : 12 = 180 : 12 = 15.

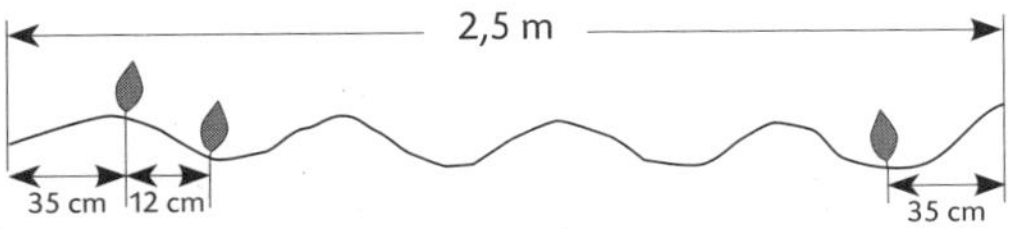

90 Nom de l'animal le plus vieux :
Brio le cheval.

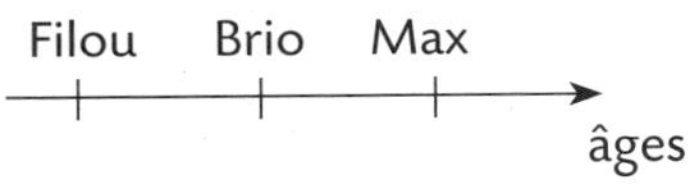

91 Il faut tester toutes les solutions pour vérifier le 1er postulat et voir quand le 2e postulat se vérifie également.

Tao	Emma
2	2
3	7
4	8
5	9
6	10
7	11
8	12
9	13
10	14

Tao a 10 cartes et Emma a 14 cartes.

92 Surface du balcon (en m²) : 2 × 1,2 = 2,4.
Surface d'un carreau (en m²) :
0,6 × 0,4 = 0,24 .
Nombre de carreaux nécessaires :
2,4 : 0,24
= 240 : 24 = 10.

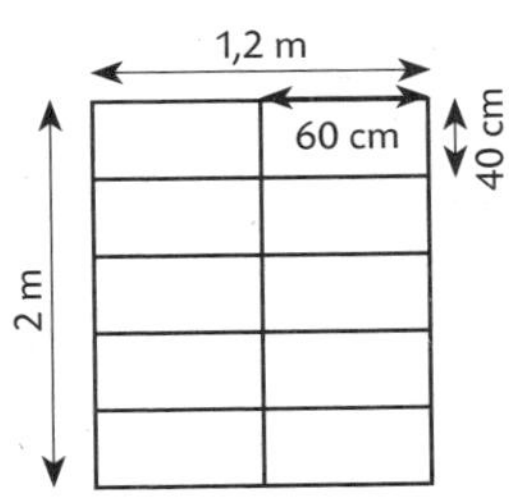

93 Quantité d'eau restante (en L) :
1 000 – 200 = 800 ; 800 – 200 = 600 L.

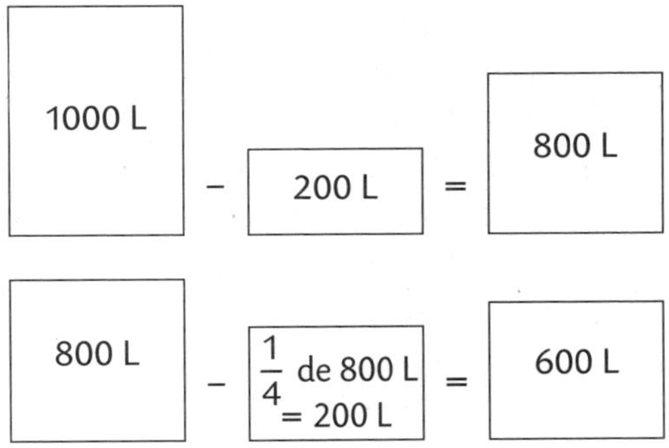

94 Poids total divisé par deux (en kg) :
62 : 2 = 31.

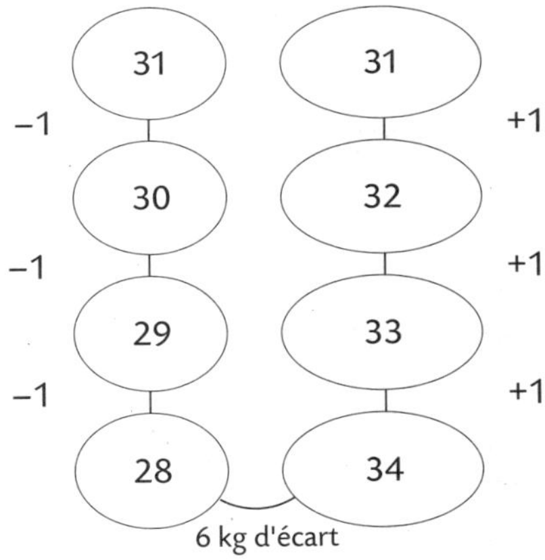

Poids de chaque enfant (en kg) :
Raia pèse 28 kg et Dalil pèse 34 kg.

Impossible : pourquoi ?

page 18

95 On ne sait pas combien maman a donné.

96 On ne connaît pas le prix du vélo de Cédric.

97 On ne connaît pas l'âge d'Hugo.

98 On ne connaît pas la répartition des garçons et des filles dans chaque classe.

99 On ne connaît pas sa contenance (la capacité du seau).

100 On ne connaît pas la longueur de la Garonne. Les informations ne concernent que la Loire et la Seine.

101 Les informations sont sans rapport avec la question posée : nous n'avons aucune indication d'horaire. On ne peut calculer que le prix total payé par l'institutrice.

102 Les informations sont sans rapport avec la question posée : aucune référence quant au calcul du prix du tapis.

103 On ne connaît pas la distance totale du circuit.

104 On ne connaît pas la durée totale du film.

105 L'information « une partie » d'un quatrième CD, ne fournit pas de données chiffrées utilisables. On ne peut répondre que par un encadrement :
$80 \times 3 <$ durée $< (80 \times 3) + 80$.

106 Les seules informations que nous avons concernent des quantités et des prix.

107 Nous ne connaissons pas le prix au kilogramme.

108 On ne connaît pas la capacité totale du réservoir de la voiture ni sa consommation au km.

109 Nous n'aurons que la recette partielle du forain puisqu'il manque le prix de vente des services de table.

110 Le Loto est un jeu de hasard ; on ne peut pas connaître le numéro de la prochaine boule.

111 Nous ne connaissons pas la vitesse en km/h du train.

112 On ne connaît pas la différence de prix entre les roses et les œillets.

113 Nous ne connaissons pas la capacité totale de places dans un autocar.

114 On ne peut pas prévoir combien de monuments seront classés tous les ans.

115 Nous ne connaissons pas le kilométrage total de la randonnée (la distance totale).

Ordre de grandeur d'un résultat

page 20

Pour commencer

1 Ordre de grandeur de chaque addition (à la dizaine la plus proche)

36 + 47 = 83 → 40 + 50 = 90
63 + 82 = 145 → 60 + 80 = 140
88 + 23 = 111 → 90 + 20 = 110
244 + 138 = 382 → 240 + 140 = 380
518 + 221 = 739 → 520 + 220 = 740
453 + 39 = 492 → 450 + 40 = 490
58,2 + 17,8 = 76 → 60 + 20 = 80
21,7 + 19,4 = 41,1 → 20 + 20 = 40
72,36 + 67,48 = 139,84 → 70 + 70 = 140
112,6 + 9,9 = 122,5 → 110 + 10 = 120
379,8 + 294,6 = 674,4 → 380 + 290 = 670
324,1 + 306,3 = 630,4 → 320 + 310 = 630

2 Ordre de grandeur de chaque addition (à la centaine la plus proche)

375 + 125 = 500 → 400 + 100 = 500
618 + 357 = 975 → 600 + 400 = 1 000
719 + 342 = 1 061 → 700 + 300 = 1 000
379 + 294 = 673 → 400 + 300 = 700
2 234 + 756 = 2 990 → 2 200 + 800 = 3 000
1 234 + 988 = 2 222 → 1 200 + 1 000 = 2 200
436,2 + 198,4 = 634,6 → 400 + 200 = 600
712,75 + 410,3 = 1 123,05 → 700 + 400 = 1 100
670,1 + 313,8 = 983,9 → 700 + 300 = 1 000
902,8 + 663,9 = 1 566,7 → 900 + 700 = 1 600
1 401,9 + 1 396,8 = 2 798,7 → 1 400 + 1 400 = 2 800
3 640,5 + 279,2 = 3 919,7 → 3 600 + 300 = 3 900

3 Ordre de grandeur de chaque soustraction (à la dizaine la plus proche)

88 – 32 = 56 → 90 – 30 = 60
122 – 42 = 80 → 120 – 40 = 80
621 – 419 = 202 → 620 – 420 = 200
758 – 699 = 59 → 760 – 700 = 60
158 – 96 = 62 → 160 – 100 = 60
448 – 28,16 = 419,84 → 450 – 30 = 420

59,2 – 18,4 = 40,8 → 60 – 20 = 40
92,5 – 27,63 = 64,87 → 90 – 30 = 60
99,51 – 59,17 = 40,34 → 100 – 60 = 40
78,6 – 59,64 = 18,96 → 80 – 60 = 20
215,38 – 12 = 203,38 → 220 – 10 = 210
309,6 – 212,8 = 96,8 → 310 – 210 = 100

4 Ordre de grandeur de chaque soustraction (à la centaine la plus proche)

475 – 338 = 137 → 500 – 300 = 200
996 – 517 = 479 → 1 000 – 500 = 500
778 – 525 = 253 → 800 – 500 = 300
1 725 – 692 = 1 033 → 1 700 – 700 = 1 000
2 512 – 497 = 2 015 → 2 500 – 500 = 2 000
991 – 572 = 419 → 1 000 – 600 = 400
415,2 – 187 = 228,2 → 400 – 200 = 200
863,6 – 698,63 = 164,97 → 900 – 700 = 200
717,6 – 496 = 221,6 → 700 – 500 = 200
1 612 – 279,9 = 1 332,1 → 1 600 – 300 = 1 300
856,12 – 364,6 = 491,52 → 900 – 400 = 500
3254,3 – 1 342,8 = 1 911,5 → 3200 – 1 300 = 1 900

5 Ordre de grandeur de chaque multiplication (à la dizaine la plus proche)

76 × 38 = 2 888 → 80 × 40 = 3 200
33 × 26 = 858 → 30 × 30 = 900
54 × 19 = 1 026 → 50 × 20 = 1 000
98 × 23 = 2 254 → 100 × 20 = 2 000
26,3 × 12,7 = 334,01 → 30 × 10 = 300
57,34 × 32,8 = 1 880,752 → 60 × 30 = 1 800
61 × 47,53 = 2 899,33 → 60 × 50 = 3 000
93,1 × 28,6 = 2 662,66 → 90 × 30 = 2 700

6 Ordre de grandeur de chaque multiplication (à la dizaine ou à la centaine la plus proche)

43 × 58 = 2 494 → 40 × 60 = 2 400
136 × 18 = 2 448 → 140 × 20 = 2 800
621 × 11 = 6 831 → 620 × 10 = 6 200
42 × 231 = 9 702 → 40 × 230 = 9 200
208,2 × 36 = 7 495,2 → 210 × 40 = 8 400
81,6 × 314,1 = 25 630,56 → 80 × 310 = 24 800
192 × 19,6 = 3 763,2 → 190 × 20 = 3 800
379 × 256,3 = 97 137,7 → 380 × 260 = 98 800

7 98 × 86 → b   72 × 59,5 → a
563 × 427 → c   68,4 × 27 → c

Problèmes

116 Ordre de grandeur des achats (en €) :
32 € 50 → 30 ; 58 € 50 → 60 ; 47 €→ 50 ;
soit 30 + 60 + 50 = 140.

117 Ordre de grandeur de l'aire du champ (en m) :
L = 44,800 m → 40 ; l = 36,200 m → 40 ;
soit 40 × 40 = 160.

118 Ordre de grandeur du montant de leur achat (en €) :
35 arbustes → 40 ; 37 € chacun → 40 ;
soit 40 × 40 = 160.

119 Ordre de grandeur du prix total (en €) : 28 livres → 30 ; 9 € 30 → 10 € ;
soit 30 × 10 = 300

120 Ordre de grandeur du montant de cet achat (en €) :
16 reproductions → 20 ;
217 € chacune → 200 ;
soit 20 × 200 = 4 000.

121 Ordre de grandeur du montant de ses achats (en €) :
21 albums à 27 € pièce → 20 × 30 = 600 ;
18 romans policiers à 22 € pièce
→ 20 × 20 = 400 ;
12 bandes dessinées à 16 € pièce
→ 10 × 20 = 200 ;
soit un montant total (en €) :
600 + 400 + 200 = 1 200.

122 Offre la plus intéressante :
Ouest cottage.
Jardinplus (en €) :
80 + 90 + 60 = 230 .
Ouest cottage (en €) :
90 + 90 + 30 = 210 .

Trouver les questions intermédiaires

page 23

123 Quel est le nombre de pages des trois illustrés ?
Nombre de pages des trois illustrés :
18 × 3 = 54.
Temps passé à lire les trois illustrés (en min) :
54 × 2 = 108.

124 Combien reste-t-il à payer ?
Il reste à payer (en €) : 515 – 45 = 470.
Somme payée chaque fois (en €) :
470 : 3 = 156,67.
Méthode plus rapide :
(515 – 45) : 3 = 156,67.

125 Quelle est la quantité de vin achetée (en L) ? Quantité de vin achetée (en L) : 120 × 5 = 600.
Nombre de bouteilles de 0,75 L :
600 : 0,75 = 800.
Méthode plus rapide :
(120 × 5) : 0,75 = 800.

126 Quel est le nombre de serviettes achetées ?
Nombre de serviettes achetées :
12 × 28 = 336.
Prix des serviettes (en €) : 336 × 3 = 1 008.
Méthode plus rapide : (12 × 28) – 3 = 1 008.

127 Quel est le prix des deux sacs de couchage ? des deux sacs à dos ? des deux paires de chaussures ?
Prix des sacs de couchage (en €) :
31 × 2 = 62.
Prix des sacs à dos (en €) : 34 × 2 = 68.
Prix des paires de chaussures (en €) :
37,80 × 2 = 75,60.
Prix total (en €) : 62 + 68 + 75,6 = 205,60.
Méthode plus rapide :
(31 × 2) + (34 × 2) + (37,80 × 2)
= (31 + 34 + 37,80) × 2 = 102,80 × 2 = 205,60.

128 Quelle est la distance parcourue par jour ? Quelle est la distance parcourue en une semaine ? Distance parcourue en une journée (en km) : 3 × 2 = 6.
Distance parcourue en une semaine (en km) : 5 × 6 = 30.
Distance parcourue en quatre semaines (en km) : 30 × 4 = 120.
Méthode plus rapide :
[(3 × 2) × 5] × 4 = 120.

129 Quelle est la masse des quatre chaises ? des deux fauteuils ?
Masse des quatre chaises (en kg) :
4 × 6 = 24.
Masse des deux fauteuils (en kg) :
2 × 15 = 30.
Masse totale de la charge (en kg) :
24 + 10 + 30 + 123 = 187.
Masse totale de la charge roulante (en kg) :
187 + 1 125 = 1 312.
Méthode plus rapide :
(4 × 6) + 10 + (2 × 15) + 123 + 1 125 = 1 312.

Utiliser la calculatrice

page 24

Pour commencer

1 1 276 — 1 537
1 171 — 3 669
11 424 — 38

2 8 611 — 7 851
682 836 — 36 378
97 — 3 251

3 1 208,783 — 47 623,8
509,001 — 10,872
1 808,856 — 30,33361921

Problèmes

130 b) 1 283,6 × 3,65

131 c) 125 × 14

132 45 + 45 + 45 ou 3 × 45 = 135
38 + 38 + 38 + 38 + 38 ou 5 × 38 = 190
27 + 27 + 27 ou 3 × 27 = 81
14 + 14 + 14 + 14 ou 4 × 14 = 56
36 + 36 + 36 ou 3 × 36 = 108
153 + 153 + 153 + 153 ou 4 × 153 = 612

133 99999999 E 1.0000000
La calculatrice affiche « erreur », l'écran à cristaux liquides n'est pas assez grand pour afficher le résultat.

134 E 72.227982
La calculatrice affiche « erreur » pour la même raison.

135 33.33333333
99.99999999
La division ne donne qu'un quotient approché. La multiplication, reprenant ce quotient approché, ne donne qu'un produit approché.

136 | 0 | 3 | 3 | 3 | 2 | 2 | 5 | 4 | 4 | 1 |

137 17 ; 20.

138
a) 486
b) 1 144
c) 93,55
d) 240,08

139 a) 69,7 b) 40,767

140 a) 3 963,5 b) 4 525,5
c) 7 477,44 d) 3 406,35

141 a) 6 117,27 b) 748 964

142 Masse chargée (en kg) :
(52 × 4) + (6 × 24) = 352.

143 Somme totale à payer (en €) :
(3 × 1,81) + (2 × 13) = 31,43.

144 Somme rendue (en €) :
20 – (11,3 + 2) = 6,7.

145 a) 1935 et 1936 b) 245, 246 et 247

146 Somme qui lui manque (en €) :
139 – [15 + (8 × 5)] = 84.

147 Somme qui reste à payer (en €) :
1 875 – (562,5 + 1 125) = 187,5.

II NOMRES ET CALCUL

Les milliers

page 28

Travail oral

1 quarante-cinq mille six cent vingt-trois ;
dix sept mille vingt-neuf ;
soixante-quinze mille ;
cent quarante-huit mille six cent trente et un ;
soixante-seize mille huit ;
huit cents quatre-vingt-dix mille ;
huit cent quatre mille cinquante-six ;
quatre-vingt-dix mille soixante-dix ;
cent deux mille trois cent trois ;
quatre-vingt-quinze mille vingt-sept

2 91 236 : unités de mille ;
147 603 : centaines de mille ;
56 351 : unités ;
91 417 : dizaines ;
416 000 : dizaines de mille ;
1 965 : unités de mille ;
81 034 : unités de mille ;
999 102 : centaines ;
589 216 : dizaines ;
14 803 : dizaines de mille

3 vingt-trois mille six cent quatre-vingt-quinze ;
deux cent vingt-cinq mille neuf cent soixante-trois ;
mille deux cent soixante-neuf ;
treize mille cinq cent vingt ;
cent trente-cinq mille vingt ;
cent trente mille cinq ;
quinze mille trois cent deux ;
quinze mille neuf cent quatre-vingt six ;
cent cinq mille neuf cent soixante-huit ;
cinquante mille

Problèmes

150 12 032 110 080
613 000 4 005
29 012 8 039
63 210 7 007

151 46 823 90 052
111 200 120 040

152 102 003 44 099
32 005 707 070
15 051 777 700
100 018 700 007

153 204 500 ; 12 005 ; 10 000 ; 560 408 ; 890 570 ; 8 033 030

154 5 909 ; 12 626 ; 13 001 ; 54 999 ; 58 000 ; 124 020

155 trente trois mille neuf cents ;
quatre-vingt mille trente ;
neuf mille deux ;
cinq cent un mille sept cent quatre ;
huit cent cinq mille huit cents ;
soixante-dix mille dix ;
quatre-vingt-un mille trente-huit ;
cent quatre mille neuf

156 a) 23 701
b) 654 358

157 377 000 ; 307 010 ; 300 777 ; 37 700 ; 37 512 ; 33 777 ; 30 990

158

Nombre précédent	Nombre donné	Nombre suivant
168 998	168 999	169 000
716 099	716 100	716 101
909 998	909 999	910 000
999 988	999 989	999 990
438 999	439 000	439 001

159

a) 6 030 b) 120 007 c) 700 900
d) 80 005 e) 206 400

160

10 000 490 000 40 000
327 100 410 000 173 000
380 000 415 005 516 200
991 999 308 000 86 000

161

64 000 56 000 13 000 84 000 105 000
369 000 98 000 8 000 597 000 746 000

162

10 000 100 000 20 000 60 000
960 000 20 000 910 000 50 000

163

401 000 400 010
444 000 40 000
44 040 44 100
41 400 404 001

164

a) 999 999
b) 10 000
c) 7 777

165

17 700
50 000
233 000
1 000 000
610 000

166 En France en 2006, on a dénombré 4 696 incendies de forêts représentant une surface brûlée de 22 133 hectares.

167 En France, en deux mille sept, la dépense moyenne pour un élève représentait cinq mille trois cent cinquante euros dans l'enseignement primaire, contre dix mille cent cinquante euros dans l'enseignement supérieur.

Les millions

page 32

Travail oral

1 cinq millions six cent cinquante-huit mille deux cent trente et un ;
cinquante-sept millions neuf cent soixante mille ; quatre cent un million six cents ;
quatre-vingt-neuf millions cinquante et un mille deux cent un ;
quatre-vingt-seize millions dix-sept mille vingt ;
six cent quatre-vingt-quinze millions quarante mille ;
six cent quatre-vingt-quinze millions quatre cent mille ;
soixante-neuf millions quatre mille cinq cents ;
six millions neuf cent cinquante-quatre mille quarante ;
cent quatre-vingt-dix-huit millions cinq cent soixante-deux mille vingt-sept

2 48 230 145 : unités de millions ;
800 500 000 : centaines de millions ;
41 028 365 : unités de mille ;
923 830 700 : centaines de mille ;
851 230 100 : centaines de millions ;
180 560 000 : dizaines de millions ;
77 451 832 : centaines des unités simples ;
89 263 400 : dizaines de millions ;
555 080 235 : dizaines de mille ;
718 400 000 : unités de millions

3 quarante-huit millions neuf cent cinquante-deux mille cent trente-deux ;
huit cent quarante-cinq millions trois cent seize mille neuf cent quatre-vingt-sept ;
cent vingt-cinq mille six cent quatre-dix-huit ;
six millions neuf cent cinquante-trois mille quatre cent onze ;
trente-deux millions cinq cent quatre-vingt-neuf mille quatre cent vingt-cinq

Problèmes

172 10 800 221 – 600 400 000 –
8 040 105 – 85 041 003 – 6 000 600

173 huit millions trente-cinq mille ;
soixante-deux millions trois cent cinquante mille cinq cent ;
huit millions douze mille quarante ;
quarante-trois millions huit cents ;
cinquante-cinq millions sept cent mille

174 5 005 555 ; 5 050 000 ; 5 500 500 ;
50 555 000 ; 55 055 055 ; 500 005 000

175 quinze millions cent cinquante ;
cent cinq millions quinze mille ;
cent cinquante millions cinq mille cinquante ;
cinq millions quinze ;
quinze millions mille cinquante

176 156 025 ; 1 120 206 ; 86 000 ;
42 000 000 ; 170 150 400 ; 972 100 ;
4 036 300 ; 13 005 019 ; 24 200 000 ;
4 170 700

177 949 009 > 909 999
2 490 000 > 2 409 000
99 999 < 100 000
9 909 099 < 9 910 009
1 379 899 < 1 380 001
3 478 033 < 3 488 303

178 a) 47 000 100 b) 5 960 000
c) 301 000 604

179 30 054 000 2 006 000
200 400 000 4 000 700
401 006 050 2 014 000
63 040 005 10 700 000

180 En 2007, en France, ce sont 1 126 410 jeunes de moins de 18 huit ans qui sont partis en centre de vacances.

181 En France, en 1998, on a comptabilisé cent soixante-dix millions six cent mille entrées au cinéma. En 2008, ce nombre s'est élevé à cent quatre-vingt-neuf millions sept cent mille : il manquait dix millions trois cents mille entrées pour atteindre deux cent millions d'entrées.

182

21 094 020 = 20 000 000 + 1 000 000 + 90 000 + 4 000 + 20
= (10 000 000 × 2) + (1 000 000 × 1) + (10 000 × 9) + (1 000 × 4) + (10 × 2)
6 000 894 = 6 000 000 + 800 + 90 + 4 = (1 000 000 × 6) + (100 × 8) + (10 × 9) + (4 × 1)
123 009 500 = 100 000 000 + 20 000 000 + 3 000 000 + 9 000 + 500
= (1 000 000 × 1) + (10 000 000 × 2) + (1 000 000 × 3) + (1 000 × 9) + (100 × 5)
511 000 860 = 500 000 000 + 10 000 000 + 1 000 000 + 800 + 60
= (100 000 000 × 5) + (10 000 000 × 1) + (1 000 000 × 1) + (100 × 8) + (10 × 6)
860 320 009 = 800 000 000 + 60 000 000 + 300 000 + 20 000 + 9
= (100 000 000 × 8) + (10 000 000 × 6) + (100 000 × 3) + (10 000 × 2) + (9 × 1)

183

Nombre précédent	Nombre donné	Nombre suivant
13 999 999	14 000 000	14 000 001
17 989 999	17 990 000	17 990 001
15 099 998	15 099 999	15 100 000
69 999 998	69 999 999	70 000 000
9 099 999	9 100 000	9 100 001

184

Les chiffres à modifier sont notés en gras.

a) 4 5**6**2 310 **b)** 560 2**5**8 753
c) 54 8**0**9 654 **d)** 6 9**1**2 587
e) 598 0**2**6 655 **f)** 45 2**2**8 405
g) 431 3**1**5 300 **h)** 641 5**4**2 289

185 7 412 560 → 7 000 000
9 021 069 → 9 000 000
12 711 203 → 13 000 000
56 458 962 → 56 000 000
148 201 899 → 148 000 000

186 478 562 013 → 480 000 000
49 871 000 → 50 000 000
49 128 999 → 49 000 000
164 597 630 → 160 000 000
825 598 000 → 830 000 000

187 1 210 000 2 345 000
3 912 500 1 020 000
5 550 000 9 400 000
14 200 000 960 000
2 300 000 6 721 000

188

Nombre précédent	Nombre donné	Nombre suivant
5 299 999	5 300 000	5 300 001
7 899 998	7 899 999	7 900 000
10 999 999	11 000 000	11 000 001
89 000 998	89 000 999	89 001 000
19 009 998	19 009 999	19 010 000

Les milliards

page 36

Pour commencer

1

Classe des milliards			Classe des millions			Classe des mille			Classe des unités simples		
c	d	u	c	d	u	c	d	u	c	d	u
			1	5	4	0	1	0	2	2	1
		3	6	5	4	8	0	0	0	0	0
		1	2	3	3	6	6	3	0	1	2
	7	6	0	0	9	5	6	0	0	0	4
	1	9	8	0	0	4	5	0	3	7	3

2 6 365 410 000 : six milliards trois cent soixante-cinq millions quatre cent dix mille
11 223 000 544 : onze milliards deux cent vingt-trois millions cinq cent-quarante-quatre
7 800 054 991 : sept milliards huit cent millions cinquante-quatre mille neuf cent quatre-vingt-onze
519 877 502 036 : cinq cent dix-neuf milliards huit cent soixante-dix-sept millions cinq cent deux mille trente-six
200 000 000 000 : deux cents milliards

Problèmes

194

2 000 000 000 < 2 566 899 221 < 3 000 000 000
9 000 000 000 < 9 635 421 520 < 10 000 000 000
79 000 000 000 < 79 457 038 581 < 80 000 000 000
214 000 000 000 < 214 031 978 024 < 215 000 000 000
699 000 000 000 < 699 567 248 347 < 700 000 000 000
311 000 000 000 < 311 626 000 514 < 312 000 000 000

195 5 450 631 008 = 5 000 000 000 + 450 000 000 + 631 000 + 8
38 287 300 154 = 38 000 000 000 + 287 000 000 + 300 000 + 154
271 369 450 012 = 271 000 000 000 + 369 000 000 + 450 000 + 12
713 800 240 100 = 713 000 000 000 + 800 000 000 + 240 000 + 100

196 six milliards cinq cent millions deux cent dix mille deux cent trente ;
soixante-cinq milliards deux cent millions douze mille trois cents ;
deux cent soixante-cinq milliards trois cent vingt millions deux cent dix mille cinq cents ;
cinq cent dix milliards six cent vingt et un millions cinq cent trente-deux mille six cent vingt et un

197 908 072 017
6 000 000 000
700 015 018 030
3 148 250 700
60 509 038 900

136 720 040
30 000 030 000
202 607 000 400
80 056 803 000
123 040 212 008

198 224 312 600 – 24 223 126 026 –
42 134 322 620 – 124 322 431 000 –
241 400 134 223

199 3 600 **2**12 300 : centaines de mille
9 **4**54 368 936 : dizaines de millions
2 **5**80 638 774 : centaines de millions
1**4** 023 587 321 : unités de milliards
6**9**7 504 639 012 : dizaines de milliards
14 5**2**6 320 000 : dizaines de millions
800 52**4** 603 789 : unités de millions
741 089 366 900 : centaines de milliards
1**1**2 500 670 000 : dizaines de milliards

200 600 540 027 > 600 450 027
3 372 042 000 > 3 372 000 420
9 800 375 100 < 9 809 275 000
12 016 018 127 < 12 020 018 127
436 900 863 400 > 436 900 853 400

201

Nombre de centaines de millions qui vient juste avant	Nombre donné	Nombre de centaines de millions qui vient juste après
79 300 000 000	79 350 699 400	79 400 000 000
471 900 000 000	471 958 741 000	472 000 000 000
700 000 000 000	700 014 257 698	700 100 000 000

Addition des nombres entiers

page 39

Pour commencer

1 729 ; 497 ; 1 528 ; 2 993 ; 3 439

2 1 148 5 475 2 134
33 202 1 026 652

3
58 090 + 6 985 → 60 000 + 7 000 → 67 000 (65 075)
7 + 2 019 + 63 + 94 238 → 2 000 + 94 000 → 96 000 (96 327)
981 382 + 476 847 → 980 000 + 477 000 → 1 457 000 (1 458 229)
23 254 + 598 + 9 → 20 000 + 1 000 → 21 000 (23 861)
568 256 + 8 967 + 94 → 568 000 + 9 000 → 577 000 (577 317)
15 + 227 495 + 390 920 → 227 000 + 391 000 → 618 000 (618 430)

4

Musée de la marine							
	Juillet	Août	Septembre	Octobre	Novembre	Décembre	TOTAL
Billets plein tarif	5 854	6 228	3 975	2 084	578	2 217	20 936
Billets tarif réduit	3 821	3 712	1 364	981	208	1 384	11 470
Nombre total de billets vendus durant le 2e semestre							32 406

Travail oral

1 Nombre d'élèves de cette école :
130 + 90 = 220.

2 Total du règlement (en €) :
29 + 31 = 60.

3 Quantité de viande ingurgitée (en kg) :
16 + 19 = 35.

Problèmes

207 Dépense de Virginie (en €) :
17 + 10 + 29 = 56.

208 Distance parcourue lors de la première semaine (en km) :
30 + 205 + 173 + 294 + 188 + 265 = 1 155.

209 Prix du matériel (en €) :
370 + 225 + 158 = 753.

210 On peut calculer le total de médailles gagnées entre 1896 et 1996 :
174 + 181 + 209 = 564.
On peut calculer le total de médailles gagnées entre 1996 et 2008 :
31 + 39 + 41 = 111.

211 Prix total de la voiture (en €) :
12 500 + 259 + 215 = 12 974.

212 Valeur totale des lots (en €) :
378 + 2 399 + 185 = 2 962.

213 Valeur totale des prix distribués (en €) : (1 800 + 900 + 450 + 225 + 150)
+ (1 800 + 900 + 450) = 6 675.

214 Distance parcourue (en km) :
10 050 + 5 250 = 15 300.

215 Nombre total d'écoles pour l'enseignement primaire :
17 410 + 38 257 = 55 667.

216 Longueur totale des routes françaises (en km) : 609 600 + 385 000
+ 9 000 + 10 700 = 1 014 300.

217 Distance parcourue dans la semaine (en km) : 16 + (16 + 3) + (16 + 16 + 3)
+ 12 + 25 = 107.

218 Superficie totale de la Nouvelle Zélande (en km^2) :
114 050 + 150 737 = 264 787.

219 Somme reçue par Justine (en €) :
6 + 12 + 12 = 30.
Thierry a distribué (en €) :
30 + 12 + 12 = 54.

220 Somme dont ils disposent (en €) :
9 + (9 + 3) + (9 + 3) + (9 + 2)
+ (9 + 9 + 2) = 64.
L'achat de 52 € sera donc possible.

221 Somme dépensée (en €) :
585 + 199 = 784.
Somme dont elle disposait (en €) :
1 189 + 150 = 1 339.
On pourrait encore calculer ce qui lui reste (en €) : 1 339 – 784 = 555.

222 Nombre de jeunes en formation en 2007-2008 :
6 645 116 + 3 187 955 + 1 470 032
+ 713 381 + 579 198 = 12 595 682.

Soustraction des nombres entiers

page 42

Pour commencer

1

791	149	594	837
+ 152	+ 834	+ 636	+ 205
943	983	1 230	1 042

2

711 + 52 = 763
593 + 246 = 839
557 + 47 = 604
841 + 131 = 972

3

756	608	1 352
– 525	– 598	– 857
231	10	495

626	507
– 159	– 338
467	169

4 8 032 – 568 → 8 000 – 1 000
= 7 000 (7 464)
36 000 – 28 602 → 36 000 – 29 000
= 7 000 (7 398)
4 023 – 2 507 → 4 000 – 3 000
= 1 000 (1 516)
124 809 – 119 810 → 125 000 – 120 000
= 5 000 (4 999)
95 632 – 73 856 → 96 000 – 74 000
= 22 000 (21 776)
257 624 – 146 672 → 258 000 – 147 000
= 111 000 (110 952)

5 97 442 – 89 546 = 7 896

Travail oral

1 Somme dont Emma dispose (en €) :
60 – 35 = 25.

2 Différence de longueur entre les deux fleuves (en km) : 3 700 – 1 020 = 2 680.

3 Âge de Sidonie (en années) :
48 – 29 = 19.

4 Il reste à Pierre (en €) : 15 – 7 = 8.
Il reste à Alexis (en €) : 15 – 8 = 7.
C'est Pierre qui possède le plus d'argent. Il a 1 euro de plus que son frère.

5 Masse de laine pour la confection du gilet (en g) : 600 – 180 = 420.

Problèmes

225 Karen doit payer (en €) :
251 – 63 = 188.

226 Nombre de places passagers en classe économique : 163 – 27 = 136.

227 Distance parcourue au mois de juillet (en km) : 13 432 – 12 843 = 589.

228 Nombre d'années d'existence du vaccin :
2010 – 1885 = 125.

229 1521 – 1480 = 41 ;
1524 – 1469 = 55 ;
1506 – 1451 = 55 ;
1557 – 1491 = 66
C'est Jacques Cartier qui a vécu le plus longtemps.

230 Diminution de la population de baleines franches (en nombre d'unités) :
50 000 – 8 500 = 41 500.

231 Somme que devra emprunter André (en €) : 16 636 – (5 800 + 1 590) = 9 246.

232 Nombre d'entrées gratuites :
44 435 – 39 768 = 4 667.
Nombre de places vides restantes :
50 000 – 44 435 = 5 565.

233 On peut calculer le nombre d'espèces non menacées :
41 415 – 16 306 = 25 109.

234 Augmentation annuelle
de la population française (en nombre de personnes) :
834 000 – 543 500 = 290 500.

235 Longueur des fleuves (en km) :
Loire : 1 020 ;
Rhône : 1 020 – 208 = 812 ;
Seine : 812 – 36 = 776 ;
Garonne : 776 – 201 = 575.

236 Durée de la vie de Saint Louis (en années) : 1 270 – 1 214 = 56.
Âge auquel il commença à régner (en années) : 1 226 – 1 214 = 12.
Durée de son règne (en années) :
1 270 – 1 226 = 44.

237 Somme totale de départ (en €) :
20 + 10 = 30.
Somme restant à Tom après les achats (en €) : 5 + 2 + 1 = 8.
Tom a dépensé (en €) : 30 – 8 = 22.
Tom a dépensé à la boulangerie (en €) :
22 – (12 + 7) = 3.

238 Distance Poitiers – Angoulême (en km) :
153 – 40 = 113.
Distance Angoulême – Libourne (en km) :
(294 – 153) – 32 = 109.
Distance Poitiers – Bordeaux (en km) :
294 – 40 = 254.

239 Distance entre Vénus et le Soleil (en km) :
150 000 000 – 42 000 000 = 108 000 000.
Distance entre la Terre et Mars (en km) :
228 000 000 – 150 000 000 = 78 000 000.

240 Quantité de fioul restant dans la première citerne (en hL) : 500 – 230 = 270.
Quantité de fioul restant dans la seconde citerne (en hL) : 500 – (230 – 38) = 308.

Addition et soustraction des nombres entiers

page 46

Pour commencer

1 682 + 352 = 1 034
(1 045 + 279) – 394 = 930
951 – (608 + 58) = 285
11 657 – (52 + 389 + 7 473) = 3 743
(974 + 7 + 135) – (45 + 557 + 9) = 505
(77 029 + 746) – (25 + 189 + 58) = 77 503

2 (82 + 11) – 6 = 87
(8 315 + 2) – 1 = 8 316
(167 – 35) + 380 = 512
(959 + 79) – 38 = 1 000
(536 + 27) + 24 = 587
(793 + 25) – 96 = 722

3 (231 + 184 + 45 236) – 1 877 → (200 + 200 + 45 000) – 2 000 → 43 400 (43 774).
(123 + 854 + 1 598) – (562 + 844) → (100 + 900 + 2 000) – (600 + 800) → 1 600 (1 169).
(7 862 – 4 621) + (96 030 – 5 555) → (8 000 – 5 000) + (96 000 – 6 000) → 93 000 (93 716).

4 Nombre effacé (en €) :
500 – (449 + 17) = 34.

Travail oral

1 Somme qui reste à Pauline (en €) :
10 – (4 + 3) = 3.

2 Durée de la révolution de Mars (en jours) : 365 + 322 = 687.

3 Nombre de places du stade :
80 000 + 85 000 = 165 000.

4 Réduction obtenue (en €) :
189 – 29 = 160.

5 Somme dont il dispose (en €) :
40 + 25 + 7 = 72.
Il lui manque (en €) : 75 – 72 = 3.

Problèmes

243 Somme qu'Alain a dépensé (en €) :
(30 + 2) – 10 = 22.

244 On peut calculer l'âge de chacun.
Âge de Sandrine (en années) : 30.
Âge de Valentin (en années) : 30 – 24 = 6.
Âge de Victor (en années) : 30 + 3 = 33.

245 Prix de revient de l'équipement (en €) :
399 + 219 + 199 = 817.

246 Coût total de la maison (en €) :
89 700 + 13 400 = 103 100.

247 Prix de la nouvelle voiture (en €) :
11 590 + 309 + 439 = 12 338.

248 On peut calculer le nombre d'habitants en fin d'année :
(4 967 + 175) – 48 = 5 094.

249 Montant du dernier versement (en €) :
2 899 – (680 + 1 820) = 399.

250 Montant de la remise (en €) :
(43 + 25 + 186) – 250 = 4.

251 Coût total du matériel (en €) :
439 + 139 + 38 = 616.
Montant de la perte (en €) :
616 – 450 = 166.

252 Prix de revient du véhicule (en €) :
2 519 + 839 = 3 358.
Bénéfice réalisé (en €) :
4 250 – 3 358 = 892.

253 Nombre de personnes parlant une langue régionale : 3 000 000 + 1 000 000 + 250 000 + 900 000 + 150 000 + 60 000 + 130 000 + 30 000 + 150 000 = 5 670 000.

254 Nombre d'élèves du collège que le car transportait : (27 + 8 + 17) – 34 = 18.

255 Somme en caisse le soir (en €) :
(140 + 937) – [27 + (27 – 4)] = 1 027.

256 Nombre de voyageurs arrivant à Quimper :
252 – (110 + 53) + (47 + 25) = 161.

257 Prix de revient du réfrigérateur (en €) : 196 + 100 + 100 + 100 = 496.
Montant économisé en payant comptant (en €) : 496 – (489 – 25) = 32.

258 Nombre de personnes qui peuvent monter dans l'autobus :
(50 + 20) – [32 + (32 – 7)] = 13.

259 Montant de la dépense de la ville (en €) :
(3 975 – 155) + (910 – 49) = 4 681.
Valeur totale de l'ensemble livré (en €) :
3 975 + 910 = 4 885.

260 Quantité d'eau restant dans la première citerne (en L) : 1 035 – 512 = 523.
Quantité d'eau devant être soutirée dans la deuxième citerne (en L) :
870 – 523 = 347.

261 Masse de pommes qui reste à M. Durand :
8 000 – 200 – 3 800 = 4 000 g ; soit 4 kg.

262 Âge de Jacques lors de la naissance de son petit-fils (en années) :
(47 – 20) + 27 = 54.

263 Différence d'altitude entre les deux points (en m) : 11 034 – 8 848 = 2 186.

264 Année de la mort de Mozart :
1756 + 35 = 1791.
Année de la naissance de Beethoven :
1756 + 14 = 1770.
Âge de Beethoven à sa mort (en années) :
1827 – 1770 = 57.

265 Combien de jours de différence y a-t-il entre les deux planètes pour faire une année ?
687 – 365 = 322.
Quelle est la distance séparant les diamètres équatoriaux des deux planètes (en km) ?
12 756 – 6 794 = 5 962.
Quelle est la différence d'altitude entre les sommets les plus élevés de chaque planète (en m) ? 21 287 – 8 846 = 12 441.

Multiplication des nombres entiers

page 51

Pour commencer

1 Pauline a commencé par découper la zone verte en 3 rectangles, ce qui a donné :
- un rectangle de 6 carreaux de largeur et de 5 carreaux de hauteur d'où : 6 × 5 ;
- un rectangle de 5 carreaux de largeur et de 5 carreaux de hauteur d'où : 5 × 5 ;
- un rectangle de 3 carreaux de largeur et de 2 carreaux de hauteur d'où : 3 × 2.

On peut découper la zone orange en deux parties.
Nombre de carreaux de la figure orange :
(11 × 4) + (4 × 2) = 52.

2

a) 254 × 4 = (200 + 50 + 4) × 4 = (200 × 4) + (50 × 4) + (4 × 4) = 800 + 200 + 16 = 1 016
647 × 6 = (600 + 40 + 7) × 6 = (600 × 6) + (40 × 6) + (7 × 6) = 3 600 + 240 + 42 = 3 882
278 × 5 = (200 + 70 + 8) × 5 = (200 × 5) + (70 × 5) + (8 × 5) = 1 000 + 350 + 40 = 1 390
486 × 7 = (400 + 80 + 6) × 7 = (400 × 7) + (80 × 7) + (6 × 7) = 2 800 + 560 + 42 = 3 402
b) 256 × 9 = (200 + 50 + 6) × 9 = (200 × 9) + (50 × 9) + (6 × 9) = 1 800 + 450 + 54 = 2 304
874 × 6 = (800 + 70 + 4) × 6 = (800 × 6) + (70 × 6) + (4 × 6) = 4 800 + 420 + 24 = 5 244
507 × 5 = (500 + 7) × 5 = (500 × 5) + (7 × 5) = 2 500 + 35 = 2 535
980 × 8 = (900 + 80) × 8 = (900 × 8) + (80 × 8) = 7 200 + 640 = 7 840

3

69 × 27

×	60	9	TOTAL
20	1 200	180	1 380
7	420	63	483
TOTAL			1 863

96 × 38

×	90	6	TOTAL
30	2 700	180	2 880
8	720	48	768
TOTAL			3 648

4 **a)** 562 × 20 = 11 240
499 × 60 = 29 940
385 × 700 = 269 500
780 × 50 = 39 000
9 730 × 860 = 8 367 800
b) 520 × 498 = 258 960
5 871 × 410 = 2 407 110
8 715 × 304 = 2 649 360
6 308 × 507 = 3 198 156
5 754 × 4 175 = 24 022 950

Travail oral

1 85 230 ; 6 542 900 ; 5 642 100 ; 4 526 000 ; 65 820 700

2 Montant de la dépense (en €) :
(9 × 4) + (3 × 20) = 96.

3 Nombre d'heures travaillées par semaine :
6 × 5 = 30.
On peut calculer combien elle gagne par semaine.
Somme gagnée par semaine (en €) :
30 × 10 = 300.

4 Valeur de sa collection (en €) :
(69 × 10) + (10 × 21) = 900.

Problèmes

269 Coût de sa commande (en €) :
(25 × 13) + (20 × 4) + 24 = 429.

270 Recette de la vente (en €) :
5 824 × 19 = 110 656.

271 Distance parcourue (en m) :
1 609 × 55 = 88 495.

272 Superficie approximative des États-Unis (en km^2) :
551 000 × 17 = 9 367 000.

273 Masse de fruits que le verger produira (en kg) : 145 × 115 = 16 675.

274 Somme gagnée au cours de l'année (en €) : 1 401 × 13 = 18 213.

275 Montant total de la facture (en €) :
(18 × 24) + (10 × 31) + (12 × 27) + (15 × 13) = 1 261.

276 Valeur du cadeau (en €) :
(24 × 9) + (12 × 8) + (12 × 7) + 34 = 430.

277 Nombre de bouteilles pouvant être mises en vente :
[(12 × 24) + (8 × 12) + (9 × 24)]
– (6 + 12) = 582.

278 Prix de revient de la voiture (en €) :
1 819 + 3 865 + (36 × 225) = 13 784.

279 Distance courue chaque semaine (en km) : 10 + 20 + 10 + 15 + 25 = 80.
Distance parcourue dans l'année (en km) :
80 × (52 – 4) = 3 840.

280 Nombre d'habitants de notre planète :
a) 2 500 000 × 80 = 200 000 000 ;
b) 2 500 000 × 220 = 550 000 000 ;
c) 2 500 000 × 980 = 2 450 000 000 ;
d) 2 500 000 × 2 400 = 6 000 000 000.

281 Nombre de personnes ayant vu ce film dans la journée :
[(19 × 12) × 3] + 105 = (228 × 3) + 105
= 684 + 105 = 789.

282 Prix de revient du séjour à la montagne (en €) :
([(45 × 7) + 29] × 5) + 236
= ([315 + 29] × 5) + 236 = 1 956.

283 Prix de revient de sa maison (en €) :
23 000 + 28 500 + 49 500 + (9 × 12 × 569)
= 162 452.

284 Somme rapportée par la vente des terrains (en €) :
(994 × 28) + (1 219 × 28) = 61 964.

Division des nombres entiers

page 55

Pour commencer

1 46 = (9 × 5) + 1
66 = (8 × 8) + 2
86 = (9 × 9) + 5
28 = (4 × 7) + 0
39 = (5 × 7) + 4
43 = (6 × 7) + 1

2 29 = (7 × 4) + 1 → 29 divisé par 7 = 4 et reste 1
43 = (6 × 7) + 1 → 43 divisé par 6 = 7 et reste 1
61 = (9 × 6) + 7 → 61 divisé par 9 = 6 et reste 7
75 = (8 × 9) + 3 → 75 divisé par 8 = 9 et reste 3

3 On a réparti un jeu de 32 cartes entre 4 joueurs. Chaque joueur a reçu 8 cartes.
On a réparti un jeu de 49 cartes entre 6 joueurs. Chaque joueur a reçu 8 cartes et il reste 1 carte.
On a réparti un jeu de 37 cartes entre 5 joueurs. Chaque joueur a reçu 7 cartes et il reste 2 cartes.

4 2 chiffres ; 432 : 9 = 48
3 chiffres ; 4 627 : 7 = 661
3 chiffres ; 848 : 6 → 141 (reste 2)
4 chiffres ; 6 365 : 4 → 1 591 (reste 1)
2 chiffres ; 608 : 8 = 76
4 chiffres ; 8 326 : 5 → 1 665 (reste 1)

5

Dividende	Diviseur	Quotient	Reste
77	8	9	5
56	9	6	2
55	9	6	1
72	9	8	0

6 3 chiffres ; 7 125 : 30 → 237 (reste 15)
2 chiffres ; 3 056 : 60 → 50 (reste 56)
3 chiffres ; 9 630 : 50 → 192 (reste 3)
3 chiffres ; 62 584 : 300 → 208 (reste 184)
2 chiffres ; 5 246 : 80 → 65 (reste 46)
3 chiffres ; 54 284 : 400 → 135 (reste 284)

7 2 chiffres ; 1 288 : 23 = 56
3 chiffres ; 13 248 : 64 = 207
3 chiffres ; 9 072 : 36 = 252
3 chiffres ; 12 654 : 25 → 506 (reste 4)
3 chiffres ; 8 569 : 41 = 209
3 chiffres ; 25 731 : 52 → 494 (reste 43)

8 2 chiffres ; 731 : 34 → 21 (reste 17)
2 chiffres ; 636 : 48 → 13 (reste 12)
2 chiffres ; 562 : 25 → 22 (reste 12)
2 chiffres ; 4 901 : 65 → 75 (reste 26)
2 chiffres ; 1 340 : 18 → 74 (reste 8)
2 chiffres ; 5 824 : 72 → 80 (reste 64)

Travail oral

1 Part de chaque enfant (en nombre de galettes) : 24 : 4 = 6.

2 Coût d'un DVD (en €) : 25 : 5 = 5.

3 Population urbaine de la planète (en milliards) : 7 : 2 = 3,5.

4 Consommation pour une demi-heure (en L) : 15 600 : 2 = 7 800.

5 Nombre total d'ampoules :
3 × 12 = 36.
Durée du traitement (en jours) : 36 : 4 = 9.

6 Somme reçue par chacune des personnes (en €) : 505 : 5 = 101.

Problèmes

287 Nombre de bulbes qu'il pourra planter dans chaque massif : 344 : 8 = 43.

288 Nombre de glands transportés en moyenne chaque jour sur un mois :
4 500 : 30 = 150.

289 Nombre de verres achetés :
12 × 3 = 36.
Prix moyen d'un verre (en €) : 144 : 36 = 4.

290 Nombre de battements par seconde :
132 000 : 60 = 2 200.

291 Nombre d'animaux qui pourront être nettoyés : 8 715 : 35 = 249.

292 Nombre de bouteilles pouvant être remplies : 300 : 0,75 = 40.

293 Nombre de longueurs effectuées :
6 000 : 50 = 120.

294 Nombre de douzaines d'huîtres :
180 : 12 = 15.

295 Nombre de colis pouvant être transportés : 800 : 42 = 19.

296 Distance moyenne parcourue par jour (en km) : 1 700 : 25 = 68.

297 Prix d'une serviette (en €) :
(68 – 26) : 6 = 7.

298 Part de chacun (en €) :
150 184 : 4 = 37 546.

299 Nombre de kilomètres parcourus par jour : 5 733 : 21 = 273.

300 Montant de chaque mensualité (en €) :
(646 – 150) : 4 = 124.

301 Nombre de colis portés au dernier voyage : 419 : 18 = 23, reste 5 colis.
Nombre de voyages à faire : 23 + 1 = 24.

302 Prix d'un convecteur (en €) :
(296 – 119) : 3 = 59.

303 Nombre d'arrosoirs qu'il est encore possible de remplir :
[1 500 – (34 × 10)] : 8 = 1 160 : 8 = 145.

304 Prix du menu (en €) :
[89 – (16 + 2 + 2)] : 3 = 23.

305 Densité de la population française (par habitant au km^2) :
62 200 000 : 550 986 = 112,8 ; soit 113.

Quotient décimal

306 Salaire horaire de l'ouvrier (en €) : 1 316 : 140 = 9,4.

307 Population moyenne d'un département (en nombre d'habitants) : 3 170 000 : 5 = 634 000.

308 Prix de revient du numéro mensuel pour 6 mois (en €) : 15 : 6 = 2,5.
Prix de revient du numéro mensuel pour 1 an (en €) : 27 : 12 = 2,25.
Prix de revient du numéro mensuel pour 2 ans (en €) : 51 : 24 = 2,125.

309 Nombre moyen d'individus dans une ethnie : 350 000 : 215 = 1 627,9 ; soit environ 1 628.

310 Longueur d'un tour de circuit (en km) : [83 – (24 + 38)] : 4 = 5,25.

311 Valeur d'un appareil photo (en €) : 1 424 : 16 = 89.
Valeur d'un plaid (en €) : 192 : 64 = 3.

312 Mexico est 14,5 fois plus peuplée que Marseille.
23 200 000 : 1 600 000 = 14,5.

Multiplication et division des nombres entiers

page 60

Pour commencer

1

$$\begin{array}{r} 823 \\ \times \quad 46 \\ \hline 4\,938 \\ +\,32\,920 \\ \hline 37\,858 \end{array} \qquad \begin{array}{r} 267 \\ \times \quad 53 \\ \hline 801 \\ +\,13\,350 \\ \hline 14\,151 \end{array}$$

$$\begin{array}{l|l} 965 & 4 \\ \cline{2-2} 16 & 241 \\ 05 & \\ 1 & \end{array} \qquad \begin{array}{r|l} 1\,752 & 8 \\ \cline{2-2} 15 & 219 \\ 72 & \\ 0 & \end{array}$$

$$\begin{array}{r} 462 \\ \times \quad 36 \\ \hline 2\,772 \\ +\,13\,860 \\ \hline 16\,632 \end{array} \qquad \begin{array}{r} 2\,146 \\ \times \quad 89 \\ \hline 19\,314 \\ +\,171\,680 \\ \hline 190\,994 \end{array}$$

$$\begin{array}{r|l} 1\,161 & 9 \\ \cline{2-2} 26 & 129 \\ 81 & \\ 0 & \end{array} \qquad \begin{array}{r|l} 6\,348 & 12 \\ \cline{2-2} 34 & 529 \\ 108 & \\ 0 & \end{array}$$

2 (36 × 17) : 3 = 204
(420 × 18) : 40 = 189
(45 × 28) : 9 = 140
(456 : 4) × 780 = 88 920
(365 : 5) × 209 = 15 257
(54 × 27) : 4 = 364,5
(312 × 35) : 20 = 546
(3 850 : 5) × 79 = 60 830

Travail oral

1 Combien pèse une pastille ?
Poids de la pastille (en g) : 64 : 8 = 8.

2 Somme que Thomas possède (en €) : 128 : 4 = 32.

3 Prix du règlement (en €) : 6 × 15 = 90.

4 Débit du cœur à l'heure (en L/heure) : 6 × 60 = 360.

Problèmes

315 Nombre de kilomètres parcourus chaque année :
315 000 000 : 5 = 63 000 000.

316 Capacité d'un baril de pétrole (en L) : 3 520 : 22 = 160.

317 Quantité d'eau gaspillée en une année (en L) :
(365 × 2) × 20 = 730 × 20 = 14 600.

318 Distance parcourue chaque mois (en km) : 127 500 : (12 + 12 + 12 + 6)
= 127 500 : 42 = 3 035,71... ; soit 3 036.

319 Consommation d'eau moyenne par Français en 2007 (en m^3) :
32 552 000 000 : 63 000 000 = 516,69 ; soit 517.

320 Montant de chaque versement (en €) :
1 644 : 12 = 137.

321 Nombre d'enseignants dans chaque pays pour 450 élèves :
Suède : 450 : 12 = 37,5 ; soit 38.
Finlande : 450 : 15 = 30.
France : 450 : 19 = 23,68 ; soit 24.
Royaume-Uni : 450 : 20 = 22,5 ; soit 23.

322 On peut calculer le nombre de nuitées en Provence-Alpes-Côte d'Azur :
576 000 × 24 = 13 824 000.

323 Nombre de personnes passées en une heure : (14 420 : 5) × 3 = 8 652.

324 Production des deux champs (en kg) :
425 + (425 × 3) = 1 700.
Nombre de cagettes utilisées :
1 700 : 25 = 68.

325 Nombre de rouleaux qu'il doit acheter :
(856 × 3) : 125 = 2 568 : 125 = 20 ;
il manque 68 m de fil.
Il devra donc acheter 21 rouleaux.

326 Quelle distance a-t-il parcourue ? En combien de temps ?
Distance parcourue (en km) :
400 × 15 = 6 000 ; soit 6.
Temps réalisé (en min) : 3 × 6 = 18.

327 Prix des quatre chaises (en €) :
1 110 + (1 110 × 2) + (1 110 : 2)
= 1 110 + 2 220 + 555 = 3 885 ;
4 281 − 3 885 = 396.
Prix d'une chaise (en €) : 396 : 4 = 99.

328 Kilomètres parcourus au cours des 20 ans : (3 500 × 2) × 20 = 140 000.
Nombre de tours complets de la planète :
140 000 : 40 000 = 3,5.

329 Nombre de cars nécessaires :
247 : 54 = 4,5 ; soit 5.
Coût du voyage (en €) :
(429 × 5) + (247 × 4) = 3 133.

330 Somme totale du supplément (en €) :
(45 − 4) × 2 = 82.
Somme qu'aurait dû payer chaque participant (en €) : 82 : 4 = 20,5.
Somme versée par chacun (en €) :
20,5 + 2 = 22,5.
Coût total de la sortie (en €) :
41 × 22,5 = 922,5.

Nombres entiers : synthèse

page 63

Pour commencer

1 657 + 43 + 7 + 2 185 = 2892
8 251 × 207 = 1 707 957
98 250 − 2 938 = 95 312
1 288 : 23 = 56
546 × 75 = 40 950
2 565 : 35 = 73,29

2 (5 855 − 697) × 207 = 1 067 706
(1 184 × 4) : 37 = 128
(7 329 + 34 + 596) − 4 392 = 3567

3 (862 × 609) − 29 960 = 494 998
(5 695 : 85) × 6 800 = 455 600
(456 × 6 070) − (214 × 619) = 2 635 454

4 (590 365 + 89 579 + 588) − 597 327
= 83 205
(250 000 000 : 10 000) − (408 × 37) = 9 904
(215 989 : 43) × 672 = 3 375 456
(1 250 × 20) + (579 : 3) = 25 193

Travail oral

1 On peut calculer le nombre de pays appartenant à l'ONU : 193 – 1= 192.

2 Nombre de kilomètres de plus entre l'étape d'hier et l'étape d'aujourd'hui :
225 – 195 = 30.
Distance parcourue au total (en km) :
225 + 195 = 420.

3 Prix de la voiture (en €) :
1200 × 4 = 4 800.

4 Nombre d'espèces d'oiseaux recensés :
1250 × 8 = 10 000.

5 On peut calculer la distance totale nettoyée dans les allées du parc (en m).
850 + 85 = 935.

6 Prix du repas pour une personne (en €) :
(3 + 8 + 5 + 4) : 4 = 5.

Problèmes

333 Nombre d'années écoulées depuis 1814 : 2010 – 1814 = 196.

334 Quantité d'eau restant dans la citerne (en L) : 1 200 – (75 + 169 + 260) = 696.

335 Âge de l'arbre aujourd'hui (en années) :
2010 – 1734 = 276.

336 Économie réalisée sur chaque disque en achetant le lot (en €) :
14 – (39 : 3) = 1.

337 Superficie moyenne d'une île (en m^2) :
4 200 : 140 = 30.

338 Superficie de la forêt amazonienne (en km^2) : 550 000 × 8 = 4 400 000.

339 Longueur de tissu achetée (en cm) :
47 × 28 = 1 316.

340 Différence d'altitude entre les deux sommets (en m) : 5 642 – 4 808 = 834.

341 Montant de l'achat (en €) :
(100 + 1) – 10 = 101 – 10 = 91.

342 Prix de revient du séjour par personne (en €) : 24 939 : (46 + 5) = 489.

343 550 000 : 21 = 26 190,476 ;
soit environ 26 190.
La France est 26 190 fois plus grande que Nauru.

344 Nombre de battements de cœur par seconde : 980 : 60 = 16,33... ; soit 16.

345 Temps mis par la lumière pour nous parvenir du Soleil (en s) :
150 000 000 : 300 000 = 500.

346 1682 + 76 = 1758 ; 1758 + 76 = 1834 ;
1834 + 76 = 1910 ; 1910 + 76 = 1986.
Dates auxquelles la comète de Halley est passée près de la Terre : 1758 ; 1834 ; 1910 ; 1986.
1986 + 76 = 2062. Elle passera à nouveau près de la Terre en 2062.

347 Quelle distance totale a t-il parcourue ?
Distance totale parcourue (en km) :
223 + 221 + 294 + 435 + 250 + 210 + 326
= 1 959.

348 Nombre de paires de baguettes fabriquées à partir d'un arbre :
60 000 000 000 : 25 000 000 = 2 400.

349

	Ressources en eau des pays du monde (en pourcentage)	
	En 1995	Prévisions pour 2050
Ressources moyennes	92	58
Ressources insuffisantes	5	24
Grave manque d'eau	3	18
TOTAL	100	100

350 Nombre de barils à expédier :
360 000 : 159 = 2 264 ; reste 24.
Nombre de litres manquants :
159 – 24 = 135.

351 Suite aux élections de 2004, combien d'élues y a t-il au total ?
Nombre d'élues au total :
467 + 428 = 895.

352 Prix de vente d'une bouteille de champagne (en €) : 180 : 12 = 15.
Prix de revient finalement d'une bouteille de champagne (en €) : 180 : (12 – 2) = 18.

353 Dépense totale (en €) :
999 + 1 799 + (1 799 + 999) = 5 596.

354 Dépense journalière des quatre amis (en €) : (2 576 + 672) : 14 = 232.
Dépense journalière par personne (en €) :
232 : 4 = 58.

355 Poids total du panier (en g) :
(250 × 2) + (750 × 2) + (350 × 2) + 3 000 + 500 + (800 × 3) + (12 × 5) + 500 = 9 160.

356 Économie réalisée (en €) :
(21 + 16,8 + 36,5) – (16 + 13 + 32) = 13,3.

357 **a)** vrai **b)** vrai **c)** faux **d)** vrai

358 Ville ayant la plus importante population 18 ans auparavant :
Valmarin : 36 597 : 3 = 12 199 habitants ;
Colberville : 28 594 : 2 = 14 297 habitants.
C'est Colberville qui avait la population la plus importante.

359 Somme que Camille possédait (en €) : (15 + 2) – 5 = 12.

360 **a)** vrai ; **b)** Nombre d'Européens qui ne font pas partie de l'Union européenne (en millions d'habitants) : 733 – 495 = 238.

361 Dépense de Marie (en €) :
13 + (13 – 4) = 22.

362 Population de l'Allemagne (en habitants) :
43 300 000 + 40 000 000 = 83 300 000.
Population de la Belgique (en habitants) :
43 300 000 – 31 500 000 = 11 800 000.
Population de l'Irlande (en habitants) :
43 300 000 : 10 = 4 330 000.
Population de l'Autriche (en habitants) :
83 300 000 : 10 = 8 300 000.

363 Nombre de boîtes par carton :
(96 : 6) : 0,8 = 20.

364 Nombre d'orages par jour :
16 000 000 : 365 = 43 835,6 ; soit 43 836.
Nombre d'orages par heure :
43 836 : 24 = 1 826,5 ; soit 1 827.

365 Différence de superficie boisée entre Aquitaine et Rhône-Alpes (en hectares) :
1 877 559 – 1 647 000 : 230 559.
Différence de superficie boisée entre Nord–Pas-de-Calais et Basse-Normandie (en hectares) :
197 380 – 118 000 = 79 380.
Superficie totale boisée des régions non citées (en hectares) :
15 560 487 – (1 877 559 + 1 647 000 + 197 380 + 118 000) = 11 720 548.
Superficie moyenne boisée pour une région (en hectares) : 15 560 487 : 22 = 707 294,9.

366 Montant de chaque mensualité (en €) :
(579 – 183) : 12 = 33.

367 Prix de la pension par personne et par jour (en €) : (648 : 4) : 3 = 54.

368 Vitesse atteinte (en km/h) :
0,3 × 3 600 = 1 080.

369 Dépense totale (en €) :
(27 × 2) + (19 × 2) + (30 × 1) + 6 = 128.
Participation demandée à chaque enfant (en €) :
[(128 : 2) – 14] : 25 = 2.

370 Nombre de numéros intéressants (en €) : (52 – 6) : 2 = 23.
Prix de revient des numéros (en €) :
23 × 3 = 69.

Il n'a pas intérêt à s'abonner ; il gagne (en €) : 97 – 69 = 28.
En lisant tous les numéros, il paierait (en €) : 3 × (52 – 6) = 138.
Il aurait alors raison de s'abonner ; il économiserait ainsi (en €) : 138 – 97 = 41.

371 On peut calculer l'effectif global de l'école (en nombre d'élèves) :
24 + 21 + 23 + 24 + 28 = 120.
Nombre d'élèves jouant dans la cour :
- Première récréation du matin : 24 + 21 + 23 = 68.
- Seconde récréation du matin : 120.
- Récréation de l'après-midi : 24 + 21 + 28 = 73.

372 Nombre de billes de Julien :
184 – 16 = 168.
Nombre de billes de Léna : 184 × 3 = 552.
Nombre de billes de Kévin :
(184 – 2) : 7 = 26.

373 Valeur des deux derniers achats (en €) :
296 – (121 + 54 + 23) = 98.
Valeur de chacun des achats (en €) :
98 : 2 = 49.

374 Valeur de l'ensemble des livres (en €) :
285 + 15 = 300.
Prix marqué d'un livre (en €) :
300 : 25 = 12.
Prix payé pour chaque livre (en €) :
285 : 25 = 11,4.

375 Quantité de liquide dans la bouteille (en L) :
(25 × 2) + (25 – 10) + [(25 + 25) : 5] = 75.

376 Quel est le bénéfice de la tombola ?
Bénéfice totale (en €) :
(3 225 × 2) – 426 = 6 024.
Quelle est la part revenant à chacune des trois écoles ?
Part revenant à chaque école (en €) :
6 024 : 3 = 2 008.

377 Distance moyenne à parcourir en une journée (en km) : 153 : 9 = 17.
Prix d'une journée (en €) : (441 : 9) + 5 = 54.

378 Coût total sans passer par un organisme (en €) :
(123 × 4) + [(43 × 4) × 7] + 276
= 492 + 1 204 + 276 = 1 972.
La formule la moins chère est de partir par ses propres moyens.
Prix de revient par personne sans passer par un organisme (en €) : 1 972 : 4 = 493.
Prix de revient par personne en passant par un organisme (en €) : 2 088 : 4 = 522.

379 Nombre de billets de 20 € retirés au cours de la journée :
[(80 : 2) × 150] : 20 = 300.
Nombre de billets de 20 € restants :
750 – 300 = 450.
Nombre de billets de 10 € retirés au cours de la journée : [(80 : 2) × 150] : 10 = 600.
Nombre de billets de 10 € restants :
2 000 – 600 =1 400.

380 De combien d'heures le travail hebdomadaire a-t-il baissé ?
Il a baissé (en h) : 63 – 35 = 28.
Combien d'heures par jour travaillait-on en 1870 ?
On travaillait par jour en 1870 (en h) :
63 : 6 = 10,5 ; soit 10 h 30 min.
Combien d'heures par jour travaille-t-on en 2000 ?
On travaille par jour en 2000 (en h) :
35 : 5 = 7.

381 Prix d'un livre à prix identiques (en €) :
26 : 2 = 13.
L'ouvrage le moins cher vaut (en €) :
(26 – 2) : 2 = 12.
L'ouvrage le plus cher vaut (en €) :
26 – 12 = 14.
Vérification : **1)** 14 – 12 = 2
2) 14 + 12 = 26.

382 Prix de revient de l'armoire (en €) :
1 495 + 197 = 1 692.
Prix de revente (en €) :
1 692 + 990 = 2 682.
Bénéfice réalisé (en €) :
(2 682 – 220) – 1 692 = 770.

383 25 965 – 13 658 = 12 307.

- La voiture la moins chère vaut (en €) : 12 307 : 2 = 6 153,5.
- La voiture la plus chère vaut (en €) : 6 153,5 + 13 658 = 19 811,5.

Vérification :
1) 19 811,5 – 6 153,5 = 13 658
2) 6 153,5 + 19 811,5 = 25 965.

384 Consommation de papier de la presse locale d'information (en tonnes) :
1 414 571 – (174 244 + 49 605 + 533 812 + 37 946 + 217 742) = 401 222.

Les nombres décimaux

page 71

Travail oral

1 **a)** non **e)** oui
b) oui **f)** non
c) oui **g)** non
d) oui **h)** oui

2 9,68 = 9 + 0,68
7,4 = 7 + 0,4
365,5 = 365 + 0,5
8,702 = 8 + 0,702
13,25 = 13 + 0,25
9,08 = 9 + 0,08
69,034 = 69 + 0,034

3 65 < 65,41 < 66
7 < 7,4 < 8
875 < 875,38 < 876
14 < 14,1 < 15
99 < 99,4 < 100
37 < 37,6 < 38
183 < 183,2 < 184

4 8,**9** : dixième **9**,501 : unité
0,09**3** : centième 71,85**9** : millième
94,24 : dizaine 100,0**9** : centième

Problèmes

385
a) 320,80 m
b) 2,05 m
c) 2,6 m
d) 4,65 m
e) 15,75 m

386 6,13 → 6 unités et 13 centièmes
372,06 → 372 unités et 6 centièmes
43,245 → 43 unités, 2 dixièmes et 45 millièmes
4,002 → 4 unités et 2 millièmes
125,706 → 125 unités, 7 dixièmes et 6 millièmes

387
7,03 – 7,030

388
6,7 – 4,09 – 5,17 – 1,007 – 96,123 – 0,35.

389
54,72 – 620,09 – 7,019 – 55,49 – 39,605 – 0,013.

390

4,5 = 4,50	8,31 > 8,3	7,9 < 8
9,12 > 6,35	4,52 < 4,6	89,25 < 90,03
54,6 > 54,06	265,4 > 265,07	1,89 = 1,890

391

6,37 < 52	4,12 > 4,023	5,87 = 5,870
12,35 < 13	16,1 = 16,10	15,32 > 15,04
66,13 > 6,613	5,29 > 5,030	7,42 > 7,402

392 Plusieurs solutions sont possibles à chaque fois.

393 Brest ; Nîmes ; Tours ; Limoges ; Amiens ; Mulhouse ; Caen ; Boulogne-Billancourt.

394 $2,5 = \frac{10}{4}$ $9,4 = \frac{94}{10}$

$5,5 = \frac{55}{10}$ $1,6 = \frac{160}{100}$

395 62,205 – 62,4 – 62,54 – 63 – 63,08 – 63,1 – 63,28

396 9,94 – 93,415 – 93,59 – 94 – 94,309 – 93,415 – 94,51

397 42,3 – 4,3 – 4,23 – 4,203 – 4,043 – 3,432

398 3,62 – 3,124 – 3,12 – 3,107 – 3 – 2,96 – 2,815

399

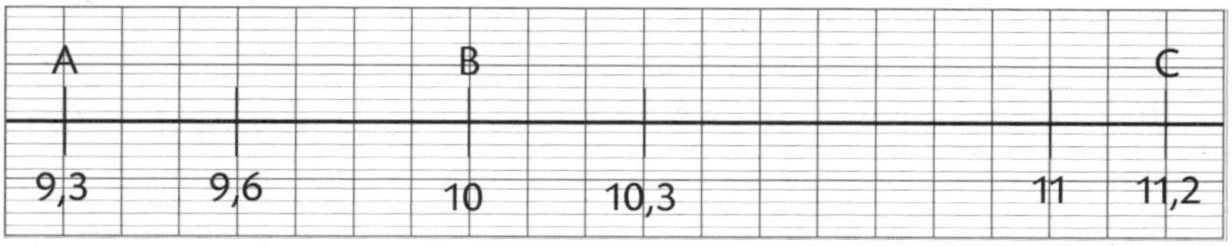

400 Les trois points placés sur la droite sont :
A : 14,3 B : 14,55 C : 14,82.

Les fractions

page 75

Pour commencer

1

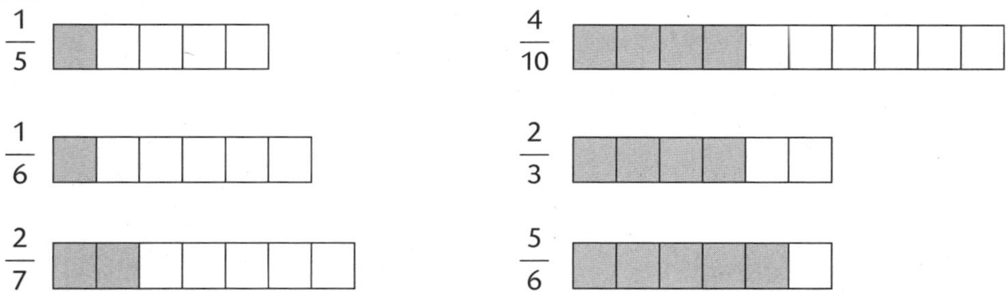

2 Vert : $\frac{6}{10} = \frac{3}{5}$ Rose : $\frac{4}{6} = \frac{2}{3}$ Bleu : $\frac{3}{8}$

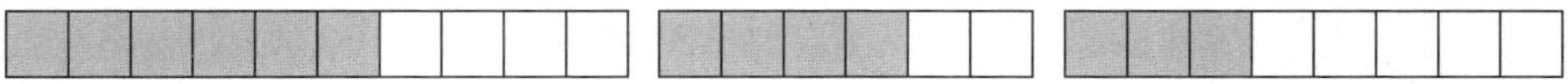

3 $\frac{2}{12}$ R et $\frac{6}{12}$ B

$\frac{4}{12}$ de la bande n'est pas coloriée.

$\frac{1}{6}$ R et $\frac{3}{6}$ B

$\frac{4}{12}$ de la bande n'est pas coloriée.

On remarque que l'on retrouve le même résultat que le travail précédent.

4 $\frac{1}{16}$ est colorée en vert ;

$\frac{3}{16}$ est colorée en rose ;

$\frac{6}{16}$ est colorée en bleu ;

$\frac{2}{16}$ est colorée en jaune.

Cédric a raison, $\frac{1}{4}$ de la bande n'est pas coloriée :

$\frac{4}{16} = \frac{1}{4}$.

5

$\frac{1}{4} = \frac{2}{8}$ $\quad \frac{3}{5} = \frac{9}{15}$ $\quad \frac{3}{6} = \frac{1}{2}$

$\frac{5}{15} = \frac{1}{3}$ $\quad \frac{5}{20} = \frac{1}{5}$

6

$\frac{7}{4} = 1 + \frac{3}{4}$ $\quad \frac{9}{5} = 1 + \frac{4}{5}$

$\frac{23}{7} = 3 + \frac{2}{7}$ $\quad \frac{13}{2} = 6 + \frac{1}{2}$

$\frac{16}{10} = 1 + \frac{6}{10}$

7

$1 < \frac{11}{3} < 4$ $\quad 2 < \frac{18}{8} < 3$

$6 < \frac{25}{4} < 7$ $\quad 3 < \frac{18}{5} < 4$

$3 < \frac{37}{10} < 4$ $\quad 0 < \frac{9}{10} < 1$

$6 < \frac{41}{6} < 7$ $\quad 2 < \frac{14}{6} < 3$

8

$\frac{9}{10}$ $\quad \frac{7}{5}$ $\quad \frac{11}{12}$

$\frac{32}{10} = \frac{16}{5}$ $\quad \frac{77}{100}$

9

13 $\quad$ 24 $\quad$ $\frac{82}{2} = 43{,}5$ $\quad$ 66 $\quad$ 66

Travail oral

1 Distance parcourue par Karim (en m) :

$400 \times \frac{3}{4} = 300.$

2 Nombre de pages lues : $96 \times \frac{1}{3} = 32.$

3 Place libre dans le disque dur (en Go) :

$180 \times \frac{3}{5} = 108.$

4 Nombre de timbres restants :

$12 \times \frac{1}{3} = 4.$

Problèmes

404 Nombre de places occupées :

$320 \times \frac{3}{4} = 240.$

Nombre de places libres : 320 – 240 = 80.

405 Superficie de la forêt française (en km^2) :

$549\,000 \times \frac{1}{4} = 137\,250.$

406 Combien y a-t-il d'habitants qui ne sont ni noirs ni métis à la Martinique ?

Nombre d'habitants ayant une couleur de peau différente :

$402\,000 \times \frac{2}{10} = 80\,400.$

407 Somme offerte à chacune des associations (en €) :

- association humanitaire :

$113\,610 \times \frac{2}{3} = 75\,740.$

- recherche médicale :

$113\,610 \times \frac{1}{7} = 16\,230.$

Somme gardée par M. Léon (en €) :

113 610 – (75 740 + 16 230) = 21 640.

408 Superficie utilisée par la pelouse (en m^2) :

$1\,395 \times \frac{8}{9} = 1\,240.$

409 Prix du vélo de Théo (en €) :

$162 \times \frac{4}{3} = 216.$

410 Nombre de jours en course :

$21 \times \frac{6}{7} = 18.$

411 Quel est le prix de la voiture d'occasion ?
Prix (en €) : $14\,024 \times \frac{5}{8} = 8\,765$.

412 Nombre de communes ne participant pas à cette journée :
$291 \times \frac{1}{3} = 97$.

413 Âge de Nicolas (en années) :
$33 \times \frac{7}{6} = 38{,}5$; soit 38 ans et 6 mois.

414 Nombre de Français qui auront plus de 60 ans en 2050 :
$64\,000\,000 \times \frac{1}{3} = 21\,333\,333{,}33$; soit
$21\,000\,000 < 21\,333\,333{,}33 < 22\,000\,000$.

415 Superficie de la salle de bains (en m^2) :
$75 \times \frac{1}{12} = 6{,}25$.
Superficie de la cuisine (en m^2) :
$75 \times \frac{1}{15} = 5$.

416 Nombre de kilomètres de route empruntés (en km) : $20 \times \frac{2}{5} = 8$.
Nombre de kilomètres
de sentiers empruntés (en km) :
$20 \times \frac{3}{5} = 12$ ou $20 - 8 = 12$.

417 Longueur de mur réalisée (en m) :
$$25 \times \left(\frac{2}{5} + \frac{1}{4}\right) = 25 \times \left(\frac{8}{20} + \frac{5}{20}\right) = 25 \times \frac{13}{20} = 16{,}25.$$
Longueur du mur encore à construire (en m) :
$25 - 16{,}25 = 8{,}75$.

418 Quantité d'eau utilisée en trois semaines (en L) : $90 \times 21 = 1\,890$.
Quantité d'eau contenue dans la citerne (en L) : $2\,700 \times \frac{4}{5} = 2\,160$.
Il y aura donc suffisamment d'eau.

419 Nombre de voyageurs transportés :
$796 \times \frac{3}{4} = 597$.
Nombre de voyageurs en seconde classe :
$597 \times \frac{2}{3} = 398$.

420 Nombre de places occupées :
$50\,000 \times \frac{7}{8} = 43\,750$.
Nombre des spectateurs assistant au match gratuitement : $43\,750 \times \frac{1}{5} = 8\,750$.

421 Somme payée à la commande (en €) :
$4\,305 \times \frac{1}{3} = 1\,435$.
Somme payée à la livraison (en €) :
$(4\,305 - 1\,435) \times \frac{3}{4} = 2\,870 \times \frac{3}{4} = 2\,152{,}5$.
Participation des parents à l'achat de la moto (en €) :
$$4\,305 - (1\,435 + 2\,152{,}5) = 4\,305 - 3\,587{,}5 = 717{,}5.$$

422 Eau tirée la première fois (en L) :
$2\,500 \times \frac{1}{5} = 500$.
Eau restante dans la citerne (en L) :
$2\,500 - 500 = 2\,000$;
Eau tirée la seconde fois (en L) :
$2\,000 \times \frac{3}{5} = 1\,200$.
Quantité d'eau restante dans la citerne (en L) : $2\,000 - 1\,200 = 800$.

423 Prix du CD (en €) : $28 \times \frac{3}{4} = 21$.
Il reste à Steve (en €) : $28 - 21 = 7$.
La bande dessinée coûtant 8,98 €, il n'aura pas assez d'argent.
Il lui manque (en €) : $8{,}98 - 7 = 1{,}98$.

424 Somme que chacun reçoit (en €) :
$(4\,550 \times \frac{5}{7}) : 4 = 812{,}5$.
Somme restante (en €) :
$4\,550 - (812{,}5 \times 4) = 1\,300$.
Coût de l'appareil photo (en €) :
$1\,300 \times \frac{1}{5} = 260$.
Somme versée à l'association (en €) :
$1\,300 - 260 = 1\,040$.

425 25 cL est le tiers de la capacité de la bouteille.
Capacité de la bouteille (en cL) :
$25 \times 3 = 75$.

426 Capital initial (en €) :
(42 682 : 4) × 7 = 74 693,5.
Montant de la perte (en €) :
74 693,5 × 2/5 = 29 877,4.

Addition des nombres décimaux

page 80

Pour commencer

1 a) 18,54 + 75,3 + 214 = 307,84
b) 358 + 379,54 + 128,63 = 866,17
c) 1 415,2 + 56,685 + 3,25 = 1 475,135

2 573,6 + 74,22 = 647,82
489,259 + 56,514 = 545,773
95 + 9,54 + 8,45 + 612 = 724,99
2 156,12 + 555 + 26,734 = 2 737,854
720,3 + 3,38 + 9,6 = 733,28
1 878 + 8,12 + 85,4 + 503 = 2 474,52

3 174 + 45,4 + 17 = 236,4
1 380 + 56,25 + 85,75 = 1 522
75 + 56,47 + 3 + 2,5 = 136,97
566,32 + 5,375 + 6 = 577,695
45 261 + 78,3 + 656,7 = 45 996
48 007 + 24 + 9,2 + 394,37 = 48 434,57

Travail oral

1 Longueur de tissu dont dispose Andrée (en m) : 7,50 + 0,35 = 7,85.

2 Nouveau prix du livre (en €) :
33,05 + 1,75 = 34,80.

3 Somme dont dispose Jérémy et Marine (en €) : 7,50 × 2 = 15.

4 Dépense totale payée (en €) :
1,20 + 0,8 = 2.

Problèmes

429 Performance du second athlète (en m) :
17,75 + 0,95 = 18,7.

430 Dépense totale (en €) :
29,95 + 8,35 + 12,75 = 51,05.

431 Longueur totale de la canalisation (en m) : 15,5 + 5,8 + 3,75 = 25,05.

432 Combien René marche-t-il de kilomètres par jour ?
Nombre de kilomètres par jour :
1,175 + 2,350 + 0,025 = 3,55.

433 Somme due par Mme Martin (en €) :
11,75 + 3,85 + 4,05 = 19,65.

434 Longueur du tuyau d'arrosage (en m) :
7,5 + 2,35 + 1,75 = 11,6.

435 Revenu mensuel total de la famille (en €) :
2 089,55 + 1 876,6 + 440 + 714,8 = 5 120,95.

436 Combien les parents de Dylan ont-ils dépensé en tout ?
Dépense totale des parents de Dylan (en €) :
299 + 17,65 + 16 = 332,65.

437 Charge à porter (en kg) :
0,840 + 0,275 + 4,5 + 1,730 + 2,350 = 9,695.

438 Distance parcourue en deux jours (en km) : 57,5 + 84 + 58 + 67,5 = 267.

439 Nombre de passagers ayant transité par les cinq plus grands aéroports du monde en 2008 (en millions) :
90 + 69,35 + 67 + 66,73 + 60,85 = 353,93

440 Montant de l'addition (en €) :
12,5 + 16 + 22 + 5,75 + 12,5 + 2,35 = 71,1.

441 Quantité de préparation réalisée (en L) : 1,85 + 0,45 + 0,2 = 2,5 dl ; soit 0,25.

442 Population mondiale estimée en 2050 (en milliards) :
1,2 + 1,99 + 0,664 + 5,3 + 0,049 = 9,203.

443 Montant de son argent de poche (en €) : 15,49 + 13,25 + 4,89 + 2 + 13,25 + (2 × 2) = 52,88.

Soustraction des nombres décimaux

page 83

Pour commencer

1

```
   937        23,697      588,800
-  84,05    - 19,370    - 108,406
  852,95       4,327      480,394
```

2

```
  45,30        81,359
- 28,93     -   8,360
  16,37        72,999

  215,0      3 208,23
-  37,3    - 1 689,00
  177,7      1 519,23
```

3

```
  745,23      3 742,5
-  56,25    - 2 043,0
  688,98      1 699,5

  6,100        881,00
- 3,258      - 632,28
  2,842        248,72
```

Travail oral

1 Somme dépensée (en €) :
38 – 7,50 = 30,50.

2 Taille de Maud (en m) :
1,84 – 0, 19 = 1,65.

3 Différence de poids entre Charlotte et Sandrine (en kg) : 52 – 49,5 = 2,5.

4 Somme dépensée (en €) :
20 – 2,50 = 17,50.

Problèmes

446 Somme possédée en plus (en €) :
17,38 – 14,74 = 2,64.

447 Combien mesure Antoine et Cindy ?
Taille de Cindy (en m) : 1,62 – 0,28 = 1,34.
Taille d'Antoine (en m) : 1,34 – 0,12 = 1,22.

448 Quel est le prix du modèle meilleur marché ?
Prix (en €) : 139,49 – 17 = 122,49.

449 Somme qu'ils peuvent encore dépenser pour Allan (en €) :
53,95 – 32,68 = 21,27.

450 Somme payée par le client (en €) :
234 – 11,70 = 222,3.

451 Somme économisée (en €) :
2 977,89 – 2 569,94 = 407,95.

452 Somme dont il dispose (en €) :
(15,79 + 17,15) – 4,51 = 28,43.

453 Quelle quantité de vin le tonnelet peut-il encore contenir ?
Quantité restante (en L) :
60 – 46,55 = 13,45.

454 Nombre de points manquants pour Laurent *The kid* :
7 321,17 – 6 244 = 1 077,17.
Nombre de points manquants pour Jossua *Le malin* : 7 321,17 – 7 196,59 = 124,58.
Nombre de points manquants pour Alcide *Le costaud* : 7 321,17 – 6 923,2 = 397,97.

455 Longueur de tissu restante (en m) :
35 – (7,35 + 9,42 + 12,55) = 5,68.

456 Masse du chargement de la troisième camionnette (en kg) :
1 390,5 – (505,75 + 465,55) = 419,2.

457 Part de l'hydroélectricité en Suisse (en %) :
100 – (40 + 4,9) = 55,1.

458 Italie, objectif non atteint :
106,9 – 93,5 = 13,4.
France, objectif atteint : 100 – 94,2 = 5,8.
Suède, objectif atteint : 104 – 90,7 = 13,3.

459 Somme dépensée (en €) :
593,89 + 379,6 + 25,76 = 999,25.
Il a respecté son budget.
Somme qui reste (en €) :
1 000 – 999,25 = 0,75.

460 Périmètre à clôturer (en m) :
(17,53 – 2,95) + 6 + 8,58 + 11,05 + (4 – 0,95)
= 14,58 + 6 + 8,58 + 11,05 + 3,05
= 43,26.

Addition et soustraction des nombres décimaux

page 86

Pour commencer

1

Millier inférieur	Différence	Nombre donné	Différence	Millier supérieur
1 700	41,09	1 741,09	58,91	1 800
3 200	8,63	3 208,63	91,37	3 300
5 000	94,87	5 094,87	5,13	5 100

2 83,2 + 4,8 = 88
174,7 – 12,7 = 162
512,01 + 14,99 = 527
487 + 15,35 = 502,35
206,2 – 20,1 = 186,1
702 – 2,44 = 699,56

3 548,7 + 31,63 = 580,33
70 238 – 567,9 = 69 670,1
279,15 + 7 + 565 + 12,185 = 863,335
81 584 – 45 506,4 = 36 077,6

4 (564,3 + 45 + 6,45) – 293,9 = 321,85
(932,4 – 652) + 14,51 = 294,91
(79,2 + 96,48) – (5,15 + 48,15) = 122,38
(67,602 – 0,994) + 103 = 169,608

Travail oral

1 Longueur totale de papier produite en une journée (en m) :
10,5 + 3,5 = 14.

2 Somme restante (en €) :
10 – (2,50 + 4,50) = 3.

3 Somme restante (en €) :
10 – 7,50 = 2,50.

Problèmes

463 Distance parcourue durant la semaine (en km) :
25 + 10,700 + 42,195 = 77,895.

464 Montant des achats (en €) :
30,45 + 9,85 + 11 + 17,89 = 69,19.
Somme restant après les achats (en €) :
80 – 69,19 = 10,81.

465 Prix de l'imprimante (en €) :
678,39 – (119,89 + 429) = 129,5.

466 Performance du deuxième athlète (en m) : 76,75 – 0,29 = 76,46.
Performance du troisième athlète (en m) :
76,75 – 0,94 = 75,81.
Longueur séparant ces deux jets (en m) :
94 – 29 = 65 cm ; soit 0,65.

467 Longueur du dernier bond (en m) :
16,37 – (6,90 + 5,65) = 16,37 – 12,55 = 3,82.

468 Pourcentage d'employés (en %) :
100 – (9,1 + 14,5 + 21,8 + 25,5) = 29,1.

469 On peut calculer le prix du jeu.
Prix du jeu (en €) :
50 – (29,95 + 9,55) = 10,5.

470 On peut calculer la longueur de la quatrième étape (en km) :
496,200 – (165,500 + 83 + 142,700)
= 496,200 – 391,200 = 105.

471 Le vendeur doit leur rendre (en €) :
[(2 × 10) + (2 × 20)] – (42,9 + 15,95) = 1,15.

472 Longueur totale des étagères (en m) :
1,05 + 0,85 + 0,45 = 2,35.
Il lui manque donc (en m) :
2,35 – 2,20 = 0,15.

473 Somme dont dispose Jade (en €) :
38,9 – 9,65 = 29,25.
Somme dont dispose Maxime (en €) :
38,9 – 2 = 36,9.
Somme dont dispose Corentin (en €) :
38,9 + 3,6 = 42,5.
Somme dont ils disposent à eux tous (en €) :
38,9 + 29,25 + 36,9 + 42,5 = 147,55.

474 Réserve de pétrole en Amérique Latine (en centaines de millions de barils) :
1 151,7 – (171,1 + 96,6 + 100,4 + 640,1 + 29,2)
= 114,3.

475 Montant du chèque (en €) :
(13,79 + 17,35 + 26 + 6,99) – 5,25 = 58,88.

476 Écart entre les distances minimales et maximales des planètes par rapport au Soleil (en millions de km) :
Terre : 152,1 – 147,1 = 5.
Mars : 249,1 – 206,7 = 42,4.

477 Montant du chiffre d'affaires la semaine précédente (en €) :
1 041,85 + 1 224 + 781,35 + 863,40
+ 2 146,75 + 750 + 156 = 6 963,35.
Chiffre d'affaires réalisé en deux semaines (en €) : 6 963,35 + (6 963,35 – 156)
= 6 963,35 + 6 807,35 = 13 770,7.

478

Répartition de la population française (en %)			
	1950	**2000**	**Prévisions 2040**
60 ans et plus	15,5	19,7	32,4
20 à 59 ans	55	55	47,3
Moins de 20 ans	29,5	25,3	20,3

Multiplication d'un nombre décimal par un nombre entier

page 90

Pour commencer

1 4,35 × 40 = 174
6,5 × 800 = 5 200
73,04 × 60 = 4 382,4
0,912 × 80 = 72,96
26,315 × 9 000 = 236 835

2 54,21 × 270 = 14 636,7
84,16 × 63 = 5 302,08
504 × 5,2 = 2 620,8
2 024 × 0,68 = 1 376,32
9 018 × 13,2 = 119 037,6

3 45,37 × 126 = 5 716,62
85,58 × 63 = 5 391,54
6 024 × 3,05 = 18 373,2
14 × 0,58 = 8,12
698 × 17,25 = 12 040,5

Travail oral

1 Dépense par semaine (en €) :
0,50 × 5 = 2,5.

2 Montant de la facture de l'imprimeur (en €) : 300 × 2,50 = 750.

3 Somme payée (en €) : 0,15 × 6 = 0,90.

4 Capacité du magnum (en L) :
0,75 × 2 = 1,5.

Problèmes

481 Coût de la clôture (en €) :
865,50 × 3 = 2 596,5.

482 Prix du bouquet (en €) :
9 × 1,85 = 16,65.

483 Coût de l'envoi (en €) :
58 × 0,59 = 34,22.

484 Dépense totale (en €) :
22,71 + (6 × 1,52) = 31,83.

485 Montant de la facture (en €) :
(12 : 2) × 23 × 3,2 = 441,6.

486 Longueur totale du Grand Prix de Monaco (en km) : 78 × 3,34 = 260,52.

487 Masse d'un bidon d'huile (en kg) :
3 × 0,910 = 2,73.
Prix du bidon (en €) : 3 × 1,75 = 5,25.

488 Distance séparant la côte et le phare du grand Sénéquet (en km) :
1,852 × 3 = 5,556.

489 Coût des travaux de rénovation (en €) :
(5 × 14,25) + (2 × 13,18) + 6 + 4,15
+ (24 × 17,5) = 527,76.

490 Superficie du Canada (en km^2) :
109 000 × 91,5 = 9 973 500.

491 Dépense totale (en €) :
(1,325 × 7) + (0,840 × 15) = 21,875.

492 **a)** Altitude de l'Elbrouz (en m) :
325 × 17,36 = 5 642.
b) Longueur de la Volga (en km) :
3,6 × 1 025 = 3 690.

493 Masse des fromages (en kg) :
(2,340 × 133) + (3,115 × 122)
= 311,22 + 380,03 = 691,25.
Le véhicule est en surcharge de (en kg) :
691,25 − 550 = 141,25.

494 Montant total de la facture (en €) :
(1,92 × 185) + (60 × 3,65) + 255 + (19 × 7)
= 962,2.

495 Dépense totale (en €) :
38,42 + 9,75 + (78,95 × 4) = 363,97.

496 Recette pour le mois de novembre (en €) : [(45 × 13,5) + (16 × 17,25)]
× (30 − 4) = 22 971.

497 Prix de revient de la randonnée pour un couple (en €) :
2 × [(8 × 62,45) + (9 × 8)] = 1 143,2.

498 Masse totale de la camionnette (en kg) :
1 490 + (89 × 2,85) + (5 × 6,5) + (63 × 0,72) = 1 821,51 ;
soit environ 1,822 tonnes.

499 Prix total du séjour (en €) :
([(26 + 1 + 2) × 37,58] × 15) + 1 195 = 17 542,3.

Multiplication de deux nombres décimaux

page 93

Pour commencer

1 7,8 × 6,1 = 47,58
23,7 × 1,89 = 44,793
6,53 × 0,9 = 5,877
91,24 × 3,76 = 343,0624
1,343 × 8,6 = 11,5498
5,746 × 2,819 = 16,197974

2 63,1 × 0,4 < 63,1
32,8 × 6,51 > 32,8
24,17 × 2,04 > 24,17
1,732 × 1,9 > 1,732
93,53 × 0,81 < 93,53
38,6 × 0,97 < 38,6
1,2 × 0,769 < 1,2
7,003 × 13,04 > 7,003

3 2 574 × 36 = 92 664
4 058 × 295 = 1 197 110
584 × 103 = 60 152
257,4 × 3,6 = 926,64
4,058 × 29,5 = 119,711
58,4 × 1,03 = 60,152
2,574 × 3,6 = 9,2664
40,58 × 2,95 = 119,711
5,84 × 10,3 = 60,152
25,74 × 0,36 = 9,2664
405,8 × 0,295 = 119,711
58,4 × 0,103 = 6,0152

4 a) 13,5 × 9,6 = 129,6
7,9 × 9,4 = 74,26
49,2 × 0,37 = 18,204
b) 51,8 × 3,04 = 157,472
0,8 × 0,5 = 0,4
36,4 × 6,2 = 225,68
c) 37,8 × 9,6 = 362,88
26,44 × 18,5 = 489,14
0,264 × 64,2 = 16,9488

5 a) 874,2 × 7,08 = 6 189,336
9,005 × 5,009 = 45,106045
850,5 × 0,24 = 204,12
b) 75,2 × 0,008 = 0,6016
1 237,6 × 0,89 = 1 101,464
90,04 × 68,3 = 6 149,732
c) 4,157 × 375,2 = 1 559,7064
0,096 × 8,63 = 0,82848
104,2 × 3,5 = 364,7

Travail oral

1 0,7 × 0,1 = 0,07
9,4 × 0,1 = 0,94
7,42 × 0,1 = 0,742
0,08 × 0,1 = 0,008
5,04 × 0,1 = 0,504
18,6 × 0,01 = 0,186
6,36 × 0,1 = 0,636
0,19 × 0,01 = 0,0019
612,4 × 0,1 = 61,24

2 1,1 × 0,5 = 0,55
8,2 × 0,2 = 1,64
9,1 × 0,3 = 2,73
1,2 × 0,3 = 0,36
0,7 × 0,8 = 0,56
41,2 × 0,2 = 8,24
1,5 × 0,4 = 0,6
1,15 × 0,3 = 0,345
106,6 × 0,5 = 53,3

Problèmes

502 Prix du poulet (en €) :
1,260 × 15,8 = 19,908.

503 Dépense totale (en €) :
(0,93 × 9,8) + (1,5 × 18,5) = 36,864.

504 Prix des doubles rideaux (en €) :
(5,8 × 32,5) + (5,4 × 4,90) = 214,96.

505 Prix total du plateau de fromages (en €) : (0,4 × 11,65) + (0,25 × 8,34) + (0,19 × 10,53) + (0,235 × 7,55) = 10,52.

506 Prix du gasoil (en €) :
Pour 100 km : 5,6 × 1,02 = 5,712.
Pour 500 km : 5,712 × 5 = 28,56.
Pour 250 km : 5,712 × 2,5 = 14,28.

507 Prix d'une botte de lambris (en €) :
2,35 × 14,75 = 34,6625 ; soit 34,66.
Prix total du lambris (en €) :
34,66 × 9 = 311,94.

508 Aire du terrain (en m^2) :
38,7 × 19,2 = 743,04.
Aire de la maison (en m^2) :
12,5 × 16,5 = 206,25.
Aire de l'allée (en m^2) : 6,5 × 3 = 19,5.
Aire de la pelouse (en m^2) :
743,04 – (19,5 + 206,25) = 517,29.

Division d'un nombre décimal par un nombre entier

page 96

Pour commencer

1 24,8 : 4 = 6,2
49,5 : 6 = 8,25
334,8 : 9 = 37,2
38,36 : 7 = 5,48
1,648 : 8 = 0,206

2 196,2 : 30 = 6,54
320,8 : 80 = 4,01
177,3 : 90 = 1,97
189,52 : 23 = 8,24
3 457,8 : 51 = 67,8

3 95,2 : 17 = 5,6
131,95 : 203 = 0,65
255,44 : 62 = 4,12
1 339,2 : 27 = 49,6
612,36 : 84 = 7,29

Travail oral

1 Prix d'une sucette (en €) :
1,5 : 5 = 0,3.

2 Prix du mètre ruban (en €) :
24,24 : 12 = 2,02.

3 Prix moyen d'un repas (en €) :
36,90 : 3 = 12,3.

4 Prix d'une place (en €) :
20,50 : 2 = 10,25.

5 Prix de revient d'une lampe (en €) :
9,80 : 2 = 4,90.

6 Longueur d'un tronçon (en m) :
12,50 : 5 = 2,5.

Problèmes

511 Prix d'une balle (en €) :
5,64 : 4 = 1,41.

512 Prix du kilogramme de nectarines (en €) : 9,45 : 3 = 3,15.

513 Prix du stylo-plume et du livre (en €) :
4,95 + 7,30 = 12,25.
Prix d'un cahier (en €) :
(18,70 – 12,25) : 5 = 6,45 : 5 = 1,29.

514 Prix d'un ballon (en €) :
109,68 : 8 = 13,71.

515 Somme représentative par élève (en €) :
1 753,75 : 115 = 15,25.

516 Longueur moyenne d'un des pas de Baptiste (en m) : 262,5 : 350 = 0,75.

517 Prix d'un œuf (en €) :
3,24 : 12 = 0,27.

518 Prix des six chaises (en €) :
226 – 79,9 = 146,1.
Prix d'une chaise (en €) : 146,1 : 6 = 24,35.

519 Dépense de la maîtresse (en €) :
59,80 + 14,26 + 20,70 + 7,36 = 102,12.
Somme représentative par élève (en €) :
102,12 : 23 = 4,44.

520 Deux allers-retours font quatre fois la distance.
Distance entre chez sa tante et chez lui (en km) : 15,4 : 4 = 3,85.

521 Prix d'une dose (en €) :
Lessive MAXIPROP : 8,4 : 30 = 0,28
Lessive TOUNET : 8,25 : 25 = 0,33.
C'est avec la lessive MAXIPROP qu'un lavage revient le moins cher.

522 Bénéfice réalisé (en €) :
18 976,65 – 12 574,38 = 6 402,27.
Somme que chacun reçoit (en €) :
6 402,26 : 3 = 2 134,09.

523 Hauteur d'une affiche (en m) :
(30 – 3,75) : 35 = 26,25 : 35 = 0,75.

524 Somme dont dispose Soufia (en €) :
41,3 + 9,5 = 50,8.
Somme dont dispose Noah (en €) :
(50,8 + 41,3) : 3 = 30,7.

525 Montant d'un versement s'il paie en trois fois (en €) : 981,9 : 3 = 327,3.
Montant d'un versement s'il paie en six fois (en €) : (981,9 + 51,9) : 6 = 172,3.

Multiplication et division d'un nombre décimal par un nombre entier

page 99

Pour commencer

1 (8,5 × 30) : 6 = 42,5
(79,3 × 16) : 20 = 63,44
(152,5 × 8) : 25 = 48,8

2 (970,2 : 14) × 87 = 6 029,1
(615,6 : 36) × 709 = 12 123,9
(1 652,4 : 27) × 476 = 29 131,2

Travail oral

1 Temps d'économies pour acheter le DVD (en semaine) :
29,34 : 5 = 5, 868 ; soit 6.

2 Somme payée (en €) : 2 × 1,25 = 2,5.

3 Prix de revient d'une vasque (en €) :
1 090,50 : 10 = 109,05.

4 Somme payée (en €) : 3 × 4,90 = 14,7.

5 Prix de revient d'un litre de cette eau minérale (en €) : 2,7 : (6 × 1,5) = 0,3.

6 Distance parcourue en 100 pas (en m) :
0,55 × 100 = 55.
Distance parcourue en 1 000 pas (en m) :
0,55 × 1 000 = 550.

Problèmes

528 Prix payé par madame Cabécou (en €) :
0,32 × 12 = 3,84.

529 Prix de revient d'une balle de ping-pong (en €) : 24,48 : 72 = 0,34.

530 Prix d'un gigot de 1,6 kg (en €) :
17 × 1,6 = 27,2.
Prix d'un gigot de 0,940 kg (en €) :
17 × 0,94 = 15,98.

531 Prix d'une raquette de mini-tennis (en €) : 215,4 : 12 = 17,95.

532 Quel est le prix d'une carte postale ?
Prix d'une carte postale (en €) :
16,1 : 23 = 0,7.

533 Dépense des ménages français en achat ou en location de DVD en 2008 (en €) :
955 000 000 × 1,54 = 1 470 700 000.

534 Salaire hebdomadaire de l'ouvrier (en €) : (8,84 × 7) × 5 = 309,4.

535 Masse d'insectes absorbés par un geai (en g) : 220 × 0,20 = 44.

536 Prix du kilogramme de pommes (en €) :
28,35 : 21 = 1,35.

537 Prix moyen d'un timbre (en €) :
57,15 : 45 = 1,27.

538 Prix d'un kilogramme de gaz butane :
En bonbonne de 13 kg (en €) :
19,95 : 13 = 1,53.
En bonbonne de 6 kg (en €) :
12,45 : 6 = 2,075 ; soit 2,1.

539 Coût total des nouveaux radiateurs (en €) : (4 × 185,8) + (2 × 135,9) = 1 015.

540 Masse du sucre dans chaque paquet (en kg) : 25,95 : 24 = 1,08.
Masse d'un carton vide (en kg) :
1,08 – 1,05 = 0,03 kg ; soit 30 g.

541 Montant total de la commande (en €) :
(2 × 69,9) + (3 × 18,35) + (72 × 1,15)
+ (72 × 0,93) + 23,52 = 368,13.
Prix d'un bol (en €) : 23,52 : 24 = 0,98.

542 Épaisseur d'un page de dictionnaire (en mm) : [74,68 – (2 × 1,5)] : 1 792 = 0,04.

543 Prix des livres (en €) :
15 × 12,15 = 182,25.
Prix d'un cahier (en €) :
(434,25 – 182,25) : 350 = 0,72.

544 Masse d'un étau (en kg) :
172,50 : 15 = 11,5.
Masse de la nouvelle commande (en kg) :
11,5 × 18 = 207.

545 Prix de l'affranchissement des lettres (en €) : 7 × 1,35 = 9,45.
Montant de l'affranchissement d'un colis (en €) : 28,5 : 3 = 9,5.
Coût total (en €) :
9,45 + 28,5 = 37,95.

Nombres décimaux : synthèse

page 102

Pour commencer

1 705 + 75,3 + 94,316 = 874,616
1 489,35 – 619,36 = 869,99
130,15 – 91 = 39,15
104 – 35,28 = 68,72
871,4 × 360 = 313 704
586 + 0,26 + 6,9 = 593,16
4 214 × 8,32 = 35 060,48
5 401,5 – 66,66 = 5 334,84
281,4 × 6,3 = 1 772,82

2 632,4 + 69 + 35,65 = 737,05
1 972 – 84,96 = 1 887,04
413,09 – 84,8 = 328,29
26,3 × 2,45 = 64,435
18,75 × 5 400 = 101 250
(9 + 95,7 + 132 + 6,31) – 93,37 = 149,64

3 (9,64 – 1,42) × 205 = 1 685,1
(803 + 74,2) × 190 = 166 668
(7 409 × 0,34) – 119,1 = 2 399,96

4 50,28 × 2 134 = 107 297,52
16,3 × 804 = 13 105,2
84,21 + 6,37 + 45 + 8,6 = 144,18
6 125,8 – 5 094 = 1 031,8
(34,5 × 300) – 4 002,15 = 6 347,85
(17 + 184,15 + 28 + 76,45) – 119, 27 = 186,33

5 73,6 : 5 = 14,72
165,2 : 7 = 23,6
5 234 × 49,3 = 258 036,2
3 104 × 0,85 = 2 638,4
274,04 : 34 = 8,06

6 787,5 : 125 = 6,3
27,63 × 840 = 23 209,2
(218,3 × 64) : 5 = 2 794,24
63,5 × 7,25 = 460,375
(102 + 21,8 + 237,12 + 25,96) : 48 = 8,06

7 694,5 : 75 = 9,26
204,2 × 16,8 = 3 430,56
(27,2 × 4) : 25 = 4,352
1 198,4 : 14 = 85,6
317,2 × 38 = 12 053,6

8

$\frac{35}{10} = 2 + \frac{15}{10}$ $\frac{5}{3} = 1 + \frac{2}{3}$

$\frac{13}{7} = 1 + \frac{6}{7}$ $\frac{16}{6} = 2 + \frac{4}{6}$

$\frac{25}{2} = 12 + \frac{1}{2}$

9

$2 \times \frac{3}{4} = 1,5$ $62 \times \frac{4}{5} = 49,6$

$14 \times \frac{5}{4} = 17,5$ $126 \times \frac{4}{10} = 50,4$

$321 \times \frac{3}{100} = 9,63$

Travail oral

1 Différence de prix entre le DVD et le DVD Blue Ray (en €) : 24,99 – 19,99 = 5.

2 Taille de Tom (en m) : 1,64 : 2 = 0,82.

3 Dépense de monsieur Robert par mois (en €) : 0,90 × 22 = 19,8.

4 Différence de taille entre le père et son fils (en m) : 1,85 – 1, 64 = 0,21.

5 Distance parcourue dans la journée (en km) : 3,2 + 2,300 = 5, 5.

Problèmes

548 Prix d'un mètre de corde (en €) :
118,8 : 60 = 1,98.

549 Poids de Mathilde (en kg) :
44,1 – 7,9 = 36,2.

550 Salaire avant l'augmentation (en €) :
2 332,98 – 47,63 = 2 285,35.

551 Quelle est la différence entre les deux sauts ?
Différence entre les deux sauts (en m) :
2,38 – 2,17 = 0,21.

552 On peut calculer la distance restant à parcourir.
Distance restant à parcourir (en km) :
42,195 – 36,500 = 5,695.

553 Quel est le prix des sucreries achetées ?
Prix des sucreries (en €) :
0,175 × 8,2 = 1,435.

554 Dépense totale (en €) :
(6 × 13,9) + 3,15 = 86,55.

555 Performance du deuxième (en m) :
91,72 – 0,75 = 90,97.
Performance du troisième (en m) :
91,72 – 2,94 = 88,78.

556 Masse du poids lourd chargé (en t) :
3,244 + (52 × 0,65) = 37,044.

557 Dépense de monsieur Gallois (en €) :
75,12 + (2 × 2,49) = 80,1.

558 Prix de revient d'un pot (en €) :
[(2 × 1,6) + (1,5 × 1,2) + 0,4] : 5 = 1,08.

559 Distance moyenne parcourue chaque heure (en km) : 42,195 : 3 = 14,065.

560 Quelle est la distance moyenne parcourue par jour ?
Distance moyenne parcourue par jour (en km) :
3 873,2 : 23 = 168,4.

561 Volume de sang pompé en 5 minutes (en L) : (0,12 × 70) × 5 = 42.

562 Prix moyen d'un sac à dos de chaque catégorie (en €) :
- sac à dos Ville-détente : 262,50 : 14 = 18,75 ;
- sac à dos Petite Randonnée : 787,35 : 29 = 27,15 ;
- sac à dos Grande Randonnée : 977,50 : 17 = 57,5.

563 Contenance de chacune des trois bouteilles (en L) : 10 − (1,5 × 6) = 10 − 9 = 1. Contenance de chacune de ces bouteilles (en cL) : 1 : 3 = 0,33... (arrondi au cL près).

564 **a)** Pourcentage total de la forêt française occupée par les 15 espèces (en %) :
3,59 + 1,4 + 6,4 + 2,6 + 4 + 8 + 9 + 13,5 + 5,3 + 1,8 + 1,1 + 17 + 2,4 + 10 + 2,1 = 88,19.
b) Pourcentage de la forêt française occupée par les 121 autres espèces (en %) :
100 − 88,19 = 11,81.

565 Prix de la barquette (en €) :
19,6 × 0,45 = 8,82.

566 Prix d'achat d'une charnière (en €) :
[25,79 − (10,26 + 1,78 + 2,36 + 6,64 + 2,45)] : 2 = 1,15.

567 Augmentation de la consommation d'eau entre 1970 et 2007 (en L) :
161,56 − 39,9 = 121,66 ; soit environ 3 fois plus d'eau consommée.

568 Montant des achats (en €) :
(9,65 × 3) + (2 × 14,85) + (2 × 13,2) = 85,05.
Montant de la facture (en €) :
85,05 + 6 = 91,05.

569 Somme dont ils disposent sur leur compte (en €) :
(1 674,52 + 139 + 64,75) − (18,63 + 127,94 + 55,31) = 1 676,39.

570 Solution comptant (en €) : 799.
Solution à crédit (en €) : 12 × 72,19 = 866,28.
La solution la moins coûteuse est celle où il paie comptant.
Différence entre les deux paiements (en €) :
866,28 − 799 = 67,28.

571 Longueur journalière moyenne de croissance par jour (en m) : 60 : 133 = 0,45.

572 Prix total des courses (en €) :
(14,5 × 0,85) + (3,05 × 5) = 27,575.
Somme rendue (en €) : 50 − 27,58 = 22,42.

573 Poids du bois qui pousse à Cuba (en kg/m^3) : 1 490 × 0,03 = 44,7.

574 Prix du dessert (en €) :
0,650 × 3,6 = 2,34.

575 Somme que Jean-Luc doit ajouter (en €) : 539,75 − (104 + 34) = 401,75.
Montant de chaque versement (en €) :
401,75 : 3 = 133,92.

576 Dépense par personne, pour quatre personnes (en €) :
[(0,65 × 11) + 2,24 + 1,85 + (0,75 × 3)] : 4 = 13,49 : 4 = 3,37.
Dépense par personne, pour trois personnes (en €) : 13,49 : 3 = 4,5.

577 Somme que Nicolas possède (en €) :
(7,84 × 3) − 3,52 = 20.
Somme qu'il avait prise chez lui (en €) :
3,52 + 3,95 + 0,53 = 8.

578 Valeur d'une enceinte (en €) :
[979,70 − (304 + 339 + 209)] : 2 = 63,85.

579 Nombre de morceaux de sucre dans un paquet : (4 × 15) × 3 = 180.
1 kg = 1 000 g. Masse d'un morceau de sucre (en g) : 1 000 : 180 = 5,55 à 0,01 g près.
Prix de revient d'un morceau de sucre (en €) :
1,26 : 180 = 0,007.

580 Total de deux pourcentages manquants :
100 − (2 + 12,1 + 4,8 + 6,4 + 2,2 + 4,5 + 2 + 4,6 + 1,8 + 6,7 + 3,7 + 5,6 + 8,3 + 0,8 + 1,3 + 1,5 + 2,3 + 2,2 + 7,7 + 10,6) = 8,9
Pourcentage de la région Centre :
(8,9 : 3) × 2 = 5,93.
Pourcentage de la région Poitou-Charentes :
8,9 − 5,93 = 2,97.

III GRANDEURS ET MESURE

Unités de temps

page 108

Pour commencer

1 la seconde – la minute – l'heure – le jour – la semaine – le mois – le trimestre – le semestre – l'année – la décennie – le siècle – le millénaire

2 221 minutes – 252 minutes – 1 501 minutes – 167 minutes – 300 minutes

3 4 minutes et 13 secondes – 7 minutes – 4 minutes et 35 secondes – 1 minute et 28 secondes – 5 minutes et 19 secondes

4 7 semaines et 1 jour – 70 semaines – 11 jours – 7 jours – 14 jours

5 2 429 secondes → 2 429 : 60 → 40 (reste 29) → c'est 40 minutes et 29 secondes
6 236 secondes → 6 236 : 60 → 103 (reste 56) → 103 : 60 → 1 (reste 43)
→ c'est 1 heure 43 minutes et 56 secondes
8 900 secondes → 8 900 : 60 → 148 (reste 20) → 148 : 60 → 2 (reste 28)
→ c'est 2 heures 28 minutes 20 secondes

Travail oral

1 Heure indiquée par l'horloge :
17 h – (3 × 5 min) = 16 h 45.

2 Heure d'arrivée de Coline :
14 h – 20 min = 13 h 40.

3 Heure à Paris lorsqu'il est 8 h à New York :
8 h + 7 h = 15 h.

4 Temps que met Adeline pour faire 2 allers-retours (en minutes) :
10 × 4 = 40.

Problèmes

581 Durée des vacances (en j) :
du 19 au 31 juillet = 13 ;
du 1er au 7 août = 7. 13 + 7 = 20.

582 Durée du tournoi (en j) :
7 + 7 = 14 ; soit 2 semaines.

583 Durée totale du trajet au cours de la semaine (en min) : (7 + 7) × 4 = 56.

584 Durée totale des vacances (en j) :
du 4 au 31 juillet = 28 ;
du 1er au 22 août = 22. 28 + 22 = 50.

585 Année de naissance de Virginie : 1995 – 13 = 1982. Année de naissance de sa mère : 1995 – 34 = 1961.

586 Durée du séjour (en j) :
du 22 au 31 mai = 10 ;
du 1er au 11 juin = 11. 10 + 11 = 21.

587 Durée de la compétition (en j) :
du 7 au 29 février = 22 ;
du 1er au 21 mars = 21. 22 + 21 = 43.

588 Durée des vacances (en j) :
du 1er au 31 juillet = 31 ;
du 1er au 31 août = 31 ;
du 1er au 2 septembre : 2. 31 + 31 + 2 = 64.

589 Durée du stage (en j) :
(7 × 6) + 1 = 42 + 1 = 43 ;
soit 6 semaines et 1 jour.

590 Âge de Louis XIV lorsqu'il est devenu roi (en années) : 1643 – 1638 = 5.
Durée de son règne (en années) :
1715 – 1643 = 72. On peut encore calculer à quel âge est mort Louis XIV (en années) :
1715 – 1638 = 77.

591 Temps passé sur le terrain pour 38 rencontres (en min) :
90 × 38 = 3 420 ; soit 3 420 : 60 = 57 h.

592 Durée de validité du contrat (en h) :
365 pour 2007 ; 366 pour 2008 ; 31 pour janvier 2009 et 23 pour février 2009.
365 + 366 + 31 + 23 = 785.

593 15 × 31 = 465 ; soit 465 : 60 = 7,75
0,75 × 60 = 45
Temps d'antenne du feuilleton pour le mois de mai : 7 heures et 45 minutes.

594 Âge de Thibaut au 1er janvier 2009 :
6 ans 10 mois et 8 jours.
• Du 23 mars 2002 au 31 janvier 2003 :
10 mois et 8 jours
• Du 1er janvier 2003 au 1er janvier 2009 : 6 ans
Simon est plus vieux (en j) :
1 177 + 97 = 1 274.
• Du 25 septembre au 31 décembre 1998 (en j) : 5 + 31 + 30 + 31 = 97.
• Du 1er janvier 1999 au 23 mars 2002 (en j) :
365 + 365 + 365 + 31 + 28 + 23 = 1 177.
Âge de Simon le 1er janvier 2006 :
8 ans 3 mois et 5 jours
• Du 25 septembre au 31 décembre 1998 :
97 jours ; soit 3 mois et 5 jours.
• Du 1er janvier 1999 au 1er janvier 2006 : 8 ans.

595 Durée de la mission (en j) :
30 + 31 + 31 + 30 + 31 + 30 = 183.

596 Temps passé devant le téléviseur en une semaine (en h et min) :
2 h 30 min = 2,5 h ; 2,5 × 7 = 17,5 ;
soit 17 h 30 min.
Temps passé devant le téléviseur en une année (en heures) : 17,5 × 52 = 910.

597 Temps mis par Raphaël pour apprendre ses leçons (en s) : 135 × 30 = 4 050.
4 050 : 3 600 = 1,125 ; soit 1 h et 0,125 h.
0,125 × 60 = 7,5 ; soit 7 minutes et 0,5 minute.
0,5 × 60 = 30.
Raphaël a mis 1 heure 7 minutes et 30 secondes.

598 1 h 35 min = 95 min ;
95 × 60 = 5 700.
Nombre d'images qui passent sur l'écran :
5 700 × 24 = 136 800.

599 Date de son retour en métropole :
le 7 juillet 2012.
3 ans à partir du 7 mai 2009 → 7 mai 2012
7 mai et 2 mois → 7 juillet

600 Durée de la IVe république :
14 ans 4 mois et 2 jours.
• Du 3 juin 1944 au 31 décembre 1944 :
6 mois et 27 jours.
• Du 1er janvier 1945 au 1er janvier 1958 :
13 ans.
• Du 1er janvier 1958 au 5 octobre :
9 mois et 5 jours.

601 Âge de Bougainville (en années) :
1779 – 1729 = 50.

602 Durée du Moyen Âge (en siècles et en années) : 10 siècles et 86 ans.
1 492 – 406 = 1 086 ;
1 086 = (100 × 10) + 86.

603 Temps de vol de ce pilote (en j et en h) :
10 000 : 24 → 416 (reste 16) ;
soit 416 j et 16 h.

604 8 × 365 = 2 920. Durée annuelle du sommeil (en h) : 2 920.
2 920 : 24 → 121 (reste 16).
Durée annuelle du sommeil (en j) :
121 j et 16 h.

605 8 × 225 = 1 800 ; 1 800 : 60 = 30.
Durée annuelle de ses attentes (en h) : 30.

606 Nombre de jours du 1er avril au 11 novembre :
30 + 31 + 30 + 31 + 31 + 30 + 31 + 11 = 225.
Distance moyenne parcourue (en km) :
7 884 : 225 = 35,04 ; soit environ 35 km par jour.

607 Durée de travail (en s) :
(5 + 5) × 393 = 3 930.
3 930 : 60 = 65,5 ; soit 1 h 5 min et 30 s.

608 Années écoulées entre les jeux à Olympie et ceux à Pékin :
776 + 2008 = 2 784.
Années écoulées entre les jeux de 1896 et ceux en 2004 : 2004 – 1896 = 108.

609 Nombre de numéros reçus :
2 magazines par mois et il y a 6 mois entre le 1er mars et le 31 août, donc 6 × 2 = 12.

610 Heure de départ de Céline :
8 h 25 – 4 min = 8 h 21.
Heure de départ de Valentin :
8 h 25 – 12 min = 8 h 13.
Heure de départ de Virginie :
8 h 25 – 8 min = 8 h 17.
Heure de départ de Valentin aujourd'hui :
8 h 30 + 3 min = 8 h 33
et 8 h 33 – 12 min = 8 h 21.

611 Temps d'écoute de la radio par jour (en min) : 8 h 10 – 7 h 45 = 25.
Temps d'écoute de la radio au mois de mai (en min) : 25 × 31 = 775 ;
soit 775 : 60 = 12,92 ; 0,92 × 60 = 55,2 ;
soit un total de 12 h et 55 min.

612 Arrivée du coureur (en j et h) :
15 septembre à midi et 5 jours
→ 20 septembre à 12 h.
20 septembre à 12 h et 17 h 47
→ 21 septembre à 5 heures et 47 minutes.

Mesure de durées

page 112

Pour commencer

1 2 h 50 min + 10 min = 3 h
7 h 45 min + 20 min = 8 h 05 min
52 min 40 s + 8 min = 1 h 00 min 40 s

2 3 h 30 min – 35 min = 2 h 55 min
12 h 30 min – 8 h 50 min = 3 h 40 min
5 min – 1 min 55 s = 3 min 05 s

3 5 h 16 min + 8 h 55 min = 14 h 11 min
54 min 27 s + 12 min 20 s = 1 h 6 min 47 s
8 h 34 min + 1 h 56 min = 10 h 30 min

4 5 h 30 min – 2 h 27 min = 3 h 03 min
9 h – 8 h 17 min = 43 min
12 h 28 min – 6 h 53 min = 5 h 35 min

Travail oral

1 Heure d'arrivée d'Allan :
8 h 30 + 12 min = 8 h 42.

2 Durée du match :
16 h – 13 h 45 = 15 h 60 – 13 h 45 = 2 h 15.

3 Durée du trajet : 18 h 53 – 16 h 54
= 17 h 113 – 16 h 54 = 1 h 59.

4 Heure à laquelle il devra quitter Paris :
14 h 10 – 3 h 15 = 13 h 70 – 3 h 15 = 10 h 55.

5 Heure à laquelle le film a commencé :
20 h – 2 h 15 = 19 h 60 – 2 h 15 = 17 h 45.

Problèmes

615 Durée du film : 22 h 28 – 20 h 45
= 21 h 88 – 20 h 45 = 1 h 43 min.

616 Durée de son voyage :
12 h 18 – 9 h 15 = 3 h 03 min.

617 Heure à laquelle il faudra enfourner la dinde : 13 h 10 – 2 h 15
= 12 h 70 – 2 h 15 = 10 h 55 min.

618 Temps de la dernière concurrente :
34 min 27s + 45 s = 34 min 72 s
= 35 min 12 s.

619 Heure de fin du film :
20 h 35 min + 1 h 56 min = 22 h 31 min.
Jean ne pourra pas regarder intégralement les deux émissions.
Temps d'actualités qu'il va manquer (en min) :
22 h 31 – 22 h 20 = 11.

620 Temps réalisé par le dernier pilote :
5 h 23 min 47 s + 39 min 53 s
= 5 h 62 100 s = 6 h 03 min 40 s.

621 Heures de passage du bus :
7 h ; 7 h 35 ; 8 h 10 ; 8 h 45 ; 9 h 20 ; 9 h 55 ; 10 h 30 ; 11 h 05 ; 11 h 40 ; 12 h 15.

622 Heure à laquelle l'avion doit se poser :
13 h 40 + 4 h 30 = 17 h 70 = 18 h 10 min.

623 Heure à laquelle l'avion doit se poser : 15 h 50 + 1 h 35 = 16 h 85
= 17 h 25 min.

624 Temps passé devant l'écran :
50 min + 25 min + 1 h 50 = 3 h 05 min.

625 Temps séparant le vainqueur homme du vainqueur femme :
2 h 24 min 42 s – 2 h 05 min 47 s
= 2 h 23 min 102 s – 2 h 05 min 47 s
= 18 min 55 s.
Écart entre M. Pessoa et le vainqueur homme :
3 h 01 min 14 s – 2 h 05 min 47 s
= 2 h 60 min 74 s – 2 h 05 min 47 s
= 55 min 27 s.

626 Temps qu'il doit patienter à l'aéroport :
6 h 20 min – (2 h 35 min + 25 min)
= 6 h 20 min – 3 h = 3 h 20 min.
Heure française de son arrivée :
6 h 20 + 8 h 15 = 14 h 35 min.
Durée totale de son voyage :
8 h 15 + 3 h 20 + 0 h 25 = 12 h.

627 Temps de course totale du vainqueur homme :
47 min 56 s + 6 h 18 min 49 s + 2 h 56 min 06 s
= 8 h 121 min 111 s = 10 h 02 min 51 s.
Temps de course du vainqueur femme :
54 min 51 s + 7 h 11 min 58 s + 3 h 14 min 11 s
= 10 h 79 min 120 s = 11 h 21 min.
Temps de nage du deuxième homme :
10 h 05 min 59 s – (6 h 23 min 40 s + 2 h 56 min 33 s)
= 10 h 05 min 59 s – 8 h 79 min 73 s
= 9 h 65 min 59 s – 9 h 20 min 13 s
= 45 min 46 s.

628 Heure de retour de Hugo :
17 h 15 min + 3 min + 3 min + 10 min + 10 min
= 17 h 41 min.

629 Heure d'arrivée à Paris :
13 h 59 min + 1 h 11 min = 15 h 10 min.
Heure d'arrivée à Madrid :
17 h 30 min + 2 h 10 min = 19 h 40 min.
Temps effectif passé dans les transports :
1 h 11 min + 2 h 10 min = 3 h 21 min.

630 Heure à laquelle il doit partir le matin :
8 h – 35 min = 7 h 25 min.
Heure d'arrivée en partant à 16 h 40 :
16 h 40 min + 45 min = 17 h 25 min.
Temps passé en train en une semaine :
(5 × 35 min) + (5 × 45 min)
= 175 min + 225 min = 400 min ; soit 6 h 40 min.

631 Durée totale de la croisière :
17 jours 8 h 20 min.
- Du 16 mai 7 h 30 au 2 juin 7 h 30 → 17 jours.
- De 7 h 30 à 15 h 50 → 8 h 20 min.

Mesure de longueurs

page 116

Pour commencer

1 965 cm = 9 m, 6 dm et 5 cm
478 dam = 4 km, 7 hm et 8 dam
6 430 m = 6 km, 4 hm et 30 m
6 350 mm = 6 m, 3 dm et 5 cm
9 021 m = 9 km et 21 m
3 m et 9 cm = 3 090 mm

2 4 m = 4 000 mm
520 cm = 52 dm
700 m = 7 hm
60 cm = 6 dm
2 400 mm = 24 dm
37 m = 370 dm
80 hm = 8 000 m
75 dam = 750 m
85 000 m = 85 km

3 8 cm = 80 mm
5 m et 40 cm = 540 cm
9 700 m = 9 km et 7 hm
600 cm = 6 m
6 km et 50 m = 6 050 m
534 cm = 5 m, 3 dm et 4 cm
170 hm = 17 000 m
2 m et 2 mm = 2 002 mm
5 km et 500 m = 55 hm

4 4,2 km = 4 200 m
2,5 km = 25 hm
530 dam = 53 hm
375 mm = 3,75 dm
8,64 hm = 864 m
21,1 cm = 0, 211 m
20 000 dm = 2 000 m
630 m = 0,630 km
17,48 km = 17 480 m

5 1,7 km = 17 hm = 1 700 m
320 cm = 32 dm = 3 200 mm
167 m = 16,7 dam = 0,167 km
0,59 m = 0,059 dam = 59 cm
395 mm = 39,5 cm = 0,395 m
145,7 m = 0,1457 km = 1 457 dm
82 400 = 824 hm = 82, 4 km
0,076 km = 0,76 hm = 76 m
2,06 dam = 20, 6 m = 0,206 hm

Travail oral

1 Longueur du fil nécessaire (en cm) :
70 + 28 = 98.

2 Longueur de papier restante (en m) :
10 – 1, 50 – 2 – 2,50 = 4.

3 Taille de Marine (en m) :
1, 40 – 0,45 = 0,95.
Taille de Caroline (en m) :
0, 95 + 0,13 = 1, 08.

4 Distance totale parcourue (en m) :
(2 × 200) × 400 = 160 000 ; soit 160 km.

Problèmes

634 Distance qui reste à parcourir après la réparation (en km) : 170 – 142,500 = 27,5.

635 Quantité de tweed restant à vendre (en m) : 15,80 – 5,40 = 10,40.
Quantité de tissu-éponge restant à vendre (en m) : 12,30 – 3,75 = 8,55.

636 Distance parcourue chaque jour par Arthur (en km) : (2,5 + 0,8) × 2 = 6,6
Distance totale parcourue par semaine (en km) :
6,6 × 5 = 33.

637 Performance du deuxième lanceur (en m) : 67,22 – 0,54 = 66,68.

638 Longueur du terrain (en cm) :
175 × 26 = 4 550 ; soit 45,5 m.

639 Hauteur franchie par le deuxième concurrent (en m) : 2,20 – 0,05 = 2,15.
Hauteur franchie par le troisième concurrent (en m) : 2,20 – 0,12 = 2,08.
Hauteur franchie par le quatrième concurrent (en m) : 2,20 – 0,25 = 1,95.

640 135 cm = 1,35 m ; 0,15 dam = 1,5 m.
Longueur total de fil (en m) :
(3 × 0,95) + (4 × 1,35) + (5 x1,5)
= 2,85 + 5,4 + 7,5 = 15,75.

641 Longueur de la façade (en m) :
(1 – 0,05) × 10 = 0,95 × 10 = 9,50.

642 Longueur moyenne d'un de ses pas (en m) : 300 : 357 = 0,840 ; soit 84 cm.
Périmètre de son jardin (en m) :
0,84 × 212 = 178,08.

643 Longueur du tronçon plat (en km) :
15 – 3,4 – (2 × 3,4) = 15 – (3 × 3,4)
= 15 – 10,2 = 4,8.

644 230 hm = 23 km ;
40 000 m = 40 km ; 3 100 dam = 31 km.
Distance totale entre Caen et Cherbourg (en km) : 23 + 40 + 31 + 20 = 114.

645 Longueur du circuit en boucle (en km) :
(12 : 2) – (0,4 + 0,28) = 5,32.

646 Largeur du sous-sol (en m) :
1,65 + 2,05 + 0,70 + (0,65 × 2)
= 1,65 + 2,05 + 0,70 + 1,30 = 5,70.

Mesure de masses

page 119

Pour commencer

1 743 cg = 7 g et 43 cg
1 357 g = 1 kg, 3 hg, 5 dag et 7 g
931 dg = 9 dag, 3 g et 1 dg
3 700 g = 3 kg et 700 g
2 800 kg = 2 t et 800 kg
2 450 g = 2 kg, 4 hg et 50 g

2 3 kg = 3 000 g
60 hg = 6 kg
510 hg = 51 kg
64 dag = 6 400 dg
2 400 mg = 24 dg

89 cg = 890 mg
580 mg = 58 cg
5 t = 5 000 kg
900 cg = 9 g
58 q = 5 800 kg

950 hg = 95 kg
4 g et 5 dg = 450 cg

3 6,4 kg = 6 400 g
345 cg = 3,45 g
2 380 kg = 2,380 t
58,35 hg = 5 835 g
2,4 dg = 24 cg
3,39 g = 3 390 mg
140 kg = 0, 140 t
80,2 g = 802 dg
30 cg = 0,30 g
0,62 t = 6,2 q
741 kg = 0,741 t
2 q et 5 kg = 205 kg

4 21,6 g = 2,16 dag = 216 dg
12 cg = 120 mg = 0,120 g
640 kg = 6,40 q = 0, 640 t
4 300 mg = 43 dg = 4,3 g
216 hg = 0,0216 t = 2 160 dag
541 g = 5 410 dg = 0, 540 kg

5 0,37 kg < 62,7 dag < 994 g < 1,04 kg
< 1 275 g < 28 hg

Travail oral

1 Masse de la boîte vide (en g) :
220 – 190 = 30.

2 Masse de l'os (en g) :
2 050 – 1 800 = 250 ; soit 0,250 kg.

3 0,14 kg = 140 g
Masse des pastilles (en g) : 140 – 15 = 125.

4 Masse de sels minéraux dissous dans 1 m^3 d'eau de mer (en g) :
35 × 1 000 = 35 000 ; soit 35 kg.

Problèmes

649 Masse totale de pain transporté (en g) : 250 × 25 = 6 250 ; soit 6,250 kg.

650 Masse totale du tube avec les comprimés (en g) : (1,15 × 10) + 5 = 16,5.

651 4 t = 4 000 kg
Nombre de chiens : 4 000 : 25 = 160.

652 Masse du mélange (en kg) :
3,200 + 2,800 = 6.
Masse perdue pendant la cuisson (en kg) :
6 – 4,050 = 1,950.

653 160 dg = 16 g. Nombre de bonbons dans le sachet (en g) : (105 – 16) : 4,5
= 89 : 4,5 = 19,77 ; soit 20 bonbons.

654 Quelle sera la quantité de viande à consommer ?
1,750 kg = 1 750 g ; 2,3 hg = 230 g.
Quantité de viande à consommer (en g) :
1 750 – (230 + 175) = 1 750 – 405 = 1 345 ;
soit 1,345 kg.

655 50 kg = 50 000 000 mg
Nombre de voyages :
50 000 000 : 5 = 10 000 000.

656 Masse de la pâte (en g) :
250 + (125 × 2) + 10 + (60 × 3)
= 250 + 250 + 10 + 180 = 690.
Masse totale obtenue (en g) :
690 + 100 = 790.

657 25 kg = 0,025 t
Quantité de fourrage distribuée (en t) :
(0,025 × 45) × 180 = 202,5.

658 Dose absorbée par jour (en g) : 4 : 2 = 2.
Dose dans le tube (en g) : 12 × 4 = 48
Durée du tube (en j) : 48 : 2 = 24

659 Réponse **c)** 37.

660 490 g = 0,490 kg
Masse totale des pots (en kg) :
(0,49 × 12) × 3 = 5,88 × 3 = 17,64.
180 g = 0,180 kg.
Quantité de moutarde transportée (en kg) :
17,64 – [0,18 × (3 × 12)] = 17,64 – 6,48 = 11,16.
Vérification : (0,49 – 0,18) × 36
= 0,31 × 36 = 11,16.

661 Masse affichée du rôti (en g) :
(1 000 + 200) – 20 = 1 180.
Prix du rôti (en €) : 19 × 1,18 = 22,42.

662 Masse d'un paquet de bonbons (en g) :
(200 + 100) – 50 g = 250.
Masse d'une boîte de chocolats (en g) :
250 + 250 = 500.
Masse d'un paquet de nougats (en g) :
(500 + 100 + 10) – 500 = 110.

663 9 kg = 9 000 g.
Masse de confiture obtenue (en g) :
[9 000 + (9 × 750)] – 3 500
= 15 750 – 3 500 = 12 250.
Nombre de pots : 12 250 : 350 = 35.

664 1,250 kg = 1 250 g.
Masse de fromage restante (en g) :
1 250 – (200 × 5) = 1 250 – 1 000 = 250.
Masse de nourriture prévue pour chaque personne (en g) :
200 + 250 + (1 500 : 5) + (1 000 : 5)
= 200 + 250 + 300 + 200 = 950.

665 15 t = 15 000 kg.

Quantité de pommes de terre à vendre (en kg) : 15 000 – 700 = 14 300.
Nombre de sacs vendus :
14 300 : 50 = 286.
Somme que rapporte la vente (en €) :
286 × 14 = 4 004.

666 Nombre de paquets achetés :
6,3 : 1,05 = 6.
Somme qui manque à Amélie (en €) :
(6 × 1,20) – 6,3 = 0,9.

667 Masse de papier nécessaire au tirage annuel (en kg) :
(280 000 × 12) × 0,215 = 722 400.

668 Masse totale des ingrédients (en g):
750 + 175 + 50 + (2 × 11) + 50 + (2 × 60)
= 1 167 ; soit 1,167 kg.
Poids de ces ingrédients dépassant un kg :
167 g.

669 Combien mesure la tour Eiffel ?
Hauteur de la tour Eiffel (en m) :
343 – 19 = 324.
Quelle est la masse de la tour Eiffel ?
Masse de la tour Eiffel (en t) :
36 000 : 5 = 7 200.

670 Masse du 1er colis (en g) :
210 + 380 + 285 + 285 = 1 160 ; soit 1,16 kg ;
Masse du 2e colis (en g) :
210 + 625 + 1 385 = 2 220 ; soit 2,22 kg.
Masse du 3^{e} colis (en g) :
130 + 60 + 45 + 45 = 280.
Prix du 1er colis (en €) : 5,16.
Prix du 2^{e} colis (en €) : 6,04.
Prix du 3^{e} colis (en €) : 3,02.
Prix de l'affranchissement total (en €) :
5,16 + 6,04 + 3,02 = 14,22.

Mesure de contenances

page 123

Pour commencer

1 75 cL = 0,75 L
280 mL = 0,280 L
2 dL = 0,2 L
4 hL = 400 L
84 mL = 0,084 L

2 4,8 cL < 63 mL < 25 cL < 256 mL
< 9 dL < 0, 98 L < 1,5 L

3 32 cL = 320 mL
45 dL = 4,5 L
680 mL = 68 cL
2,7 L = 270 cL
740 L = 7,40 hL
7 L = 70 dL
6 400 mL = 6,4 L
851 cL = 8,51 L

4 $\frac{1}{2}$ L = 5 dL = 50 cL = 500 mL
$\frac{1}{4}$ L = 250 mL = 25 cL = 2,5 dL
$\frac{3}{4}$ L = 7,5 dL = 75 cL = 750 mL
$\frac{1}{10}$ L = 1 dL= 10 cL = 100 mL

Travail oral

1 Nombre de flacons remplis :
3 L = 300 cL donc 300 : 20 = 15.

2 Quantité de sirop absorbée (en mL) :
(250 × 2) + 125 = 625.

3 Somme à payer (en €) : 50 × 1,02 = 51.

4 97 % = 970 mL d'eau salée
Quantité d'eau douce (en mL) :
1 000 – 970 = 30.

Problèmes

673 Capacité d'un seau (en L) :
200 : 25 = 8.

674 1,5 L = 150 cL.
Capacité d'un verre (en cL) : 150 : 6 = 25.

675 1 L = 100 cL.
Capacité d'un verre (en cL) :
100 : 15 = 6,66 (au mL près).

676 Nombre d'ampoules totales :
4 × 8 = 32.
Quantité de médicament absorbée (en cL) :
32 × 1,25 = 40.

677 Quantité de boisson (en cL) :
5 × 40 = 200 ; soit 2 L.
Prix au litre (en €) : 2,96 : 2 = 1,48.

678 225 L = 22 500 cL.
Nombre de bouteilles remplies :
(22 500 × 3) : 75 = 900.
Somme rapportée par la vente de la moitié de ses bouteilles (en €) :
(900 : 2) × 0,75 = 337,5.

679 Quantité de cocktail préparée (en cL) :
200 + 100 + 20 + 10 = 330.
Nombre de verres remplis : 330 : 15 = 22.

680 Quantité d'alcool versée (en cL) :
(6 : 2) × 8 = 24.
Quantité restant dans la bouteille (en cL) :
75 − 24 = 51.

681 Quantité d'eau utilisée dans l'année (en L) : (65 + 285) × (365 − 31)
= 350 × 334 = 116 900.

682 Nombre de bouteilles remplies :
3 300 : 75 = 44.
Somme gagnée en vendant les $\frac{3}{4}$ de ses bouteilles (en €) :
$(\frac{3}{4} \times 44) \times 6{,}45 = 212{,}85$.

683 Quantité de lait utilisée chaque jour (en L) : 0,28 + 0,22 = 0,5.
Nombre de jours au bout desquels elle doit racheter du lait : 6 : 0,5 = 12.

684 Quantité de cocktail (en cL) :
232 000 + 148 000 + 75 000 + 25 000 = 480 000.
Nombre de bouteilles : 480 000 : 75 = 6 400

685 155 hL = 15 500 L.
Quantité de lait mise en pack (en L) :
15 500 − 188 = 15 312.
Nombre de packs produits : 15 312 : 6 = 2 552.

686 Quelle quantité d'eau boivent les vaches ?
1 hL = 100 L. Quantité d'eau bue par les vaches (en L) : 220 + 385 + 78 = 683.
L'abreuvoir contiendra (en L) :
(980 − 683) + 500 = 797.

687 Nombre de verres de 25 cL pouvant être encore remplis :
1,5 − (5 × 0,15) = 0,75 ; 0,75 : 0,25 = 3.

688 Temps nécessaire pour remplir les 14 seaux (en min) : [(10 × 14) : 35] + 4 = 8.

689 Quantité de soupe achetée (en cL) :
(2 × 30) × 5 = 300 ; soit 3 L.
Coût A (en €) : 5 × 1,08 = 5,4.
Coût B (en €) : 3 × 1,67 = 5,01.
Somme économisée (en €) :
5,4 − 5,01 = 0,39.

690 Quel est le coût du gâteau ?
Coût du gâteau (en €) : 0,15 + (0,75 × 0,74) + (0,1 × 1,32) + (0,05 × 12,75) + 1,4
= 2,87.

Volume du pavé droit

page 126

Pour commencer

Volume du pavé A (en m^3) :
25 × 20 × 10 = 5 000.
Volume du pavé B (en cm^3) :
40 × 27 × 12 = 12 960.
Volume du pavé C (en m^3) :
7,4 × 6 × 4,5 = 199,8.

Travail oral

1 Volume de la boîte (en cm^3) :
20 × 10 × 10 = 2 000.

2 Volume de la boîte (en cm^3) :
8 × 6 × 3 = 144.

3 Volume du coffre (en m^3) :
0,5 × 1 × 0, 6 = 0,3.

Problèmes

693 Volume de la boîte (en cm^3) :
1,4 × 22 × 23,5 = 723,8.

694 Volume du pavé obtenu (en cm^3) :
16 × 10 × 4 = 640.

695 Volume de gravillons nécessaire (en m^3) : 13 × 3,5 × 0,05 = 2,275.
Montant de la facture (en €) :
2,275 × 120 = 273.

696 Volume de la piscine (en m^3) :
5 × 2 × 3 = 30 ; 1 000 × 30 = 30 000.
Elle ne peut pas contenir 32 000 L d'eau.

Mesure d'aires

page 128

Pour commencer

1 15 m^2 = 150 000 cm^2
7 ha = 70 000 m^2
36 dam^2 = 0,36 hm^2
4 500 mm^2 = 45 cm^2
8 cm^2 = 800 mm^2
2 cm^2 = 200 mm^2
6 000 cm^2 = 60 dm^2
135 m^2 = 13 500 dm^2
2 518 cm^2 = 0,2518 m^2

2 56 500 m^2 = 5,65 ha
9 cm^2 = 0,09 dm^2
3 214 m^2 = 0,3214 ha
0,128 dm^2 = 12,8 cm^2
287cm^2 = 0,0287 m^2
0, 12 m^2 = 1 200 cm^2
0,56 ha = 56 a
2,3 m^2 = 230 dm^2
48 000 m^2 = 4,8 ha

Travail oral

1 0,37 ha = 3 700 m^2
Superficie de leur terrain (en m^2) :
3 700 + 2 300 = 6 000.

2 1 ha = 10 000 m^2
Prix d'achat total (en €) :
(10 000 + 3 000) × 10 = 130 000.

3 Surface des gommettes (en cm^2) :
(2 × 2) × 40 = 160.

4 170 dm^2 = 1,7 m^2
Superficie de la chambre d'Elsa (en m^2) :
(1,7 + 1,5) – 20 = 16,8.

Problèmes

699 Aire du jeu de cartes (en cm^2) :
68 × 78 = 5 304 ; soit 0,5304 m^2.

700 1 ha = 10 000 m^2.
Aire du futur village olympique (en ha) :
2,54 + 4,36 + 5,73 + 4,39 = 17,02.

701 Longueur du côté (en m) :
360 : 4 = 90.
Aire du champ (en m^2) :
90 × 90 = 8 100 ; soit 0,81 ha.
Valeur du champ (en €) :
0,81 × 6 095 = 4 936,95.

702 Superficie de Paris (en km^2) :
2 723 – 2 617,6 = 105,4 ; soit 10 540 ha.

703 Prix de vente de la propriété (en €) :
35 600 × 1,48 = 52 688.

704 Superficie totale de ces États européens (en km^2) :
2 586 + 468 + 2 + 0,44 = 3 056,44.
550 000 : 3 056,44 = 179,95
La France est environ 180 fois plus étendue que ces quatre États européens.

705 Nombre d'années pour faire diparaître la forêt :
5 500 000 : 52 000 = 105,77 ; soit 106.

706 120 × 0,81 = 97,2.
Aire du champ (en m^2) :
97,2 × 97,2 = 9 447,84 ; soit 0,944 ha.

707 Superficie de banquise disparu en deux ans (en millions de km^2) :
5,32 – 4,13 = 1,19.

708 0,85 ha = 8 500 m^2. Aire de chaque parcelle (en m^2) : 8 500 : 25 = 340.
Prix de vente de chaque parcelle (en €) : 340 × 104 = 35 360.
Prix de revient de chaque parcelle (en €) : 35 360 + 775 = 36 135.

709 Superficie totale (en m^2) :
128 × 128 = 16 384.
Superficie des installations (en m^2) :
[(24 × 11) × 2] + (60 × 45) + (100 × 45) + (120 × 26) + 830 = 11 678.
Superficie à réaliser en sable stabilisé (en m^2) :
16 384 – 11 678 = 4 706.

710 0,23 ha = 2 300 m^2
Valeur totale de l'héritage (en €) :
42 300 + (2 300 × 20) + (1 750 × 20) = 123 300.
Valeur de la part de chacun (en €) :
123 300 : 3 = 41 100.

Le périmètre du rectangle

page 131

Pour commencer

1 Périmètre du 1er rectangle (en cm) : (4,8 + 3) × 2 = 15,6.

Périmètre du 2e rectangle (en cm) : (6 + 3,5) × 2 =19.

2

Longueur du rectangle	12 cm	38 cm	40,25 cm	31 cm
Largeur du rectangle	7 cm	23,4 cm	13,75 cm	15,5 cm
Demi- périmètre (L+ l)	19 cm	61,4 cm	54 cm	46,5 cm
Périmètre	38 cm	122,8 cm	108 cm	93 cm

3

Longueur du rectangle	14,2 cm	5,8 cm	22,6 cm	35,4 cm
Largeur du rectangle	8 cm	4,2 cm	16,4 cm	13,6 cm
Demi- périmètre (L+ l)	22,2 cm	10 cm	39 cm	49 cm
Périmètre	44,4 cm	20 cm	78 cm	98 cm

4

Longueur du rectangle	21 m	6 m	1,38 m	63 m
Largeur du rectangle	17 m	4,3 m	0, 75 m	29 m
Périmètre	76 m	20,6 m	4,26 m	184 m

Travail oral

1 Périmètre du cadre (en cm) :
(20 + 12) × 2 = 64.

2 Longueur de la clôture (en m) :
[(25 + 10) × 2] – 2 = 70 – 2 = 68.

3 Longueur de la table rectangulaire (en m) : (6,40 : 2) – 1,20 = 2.

4 Format de mes photos (en cm) :
52 : 2 = 26 et 11 × 15 = 26. Donc 11 × 15.

Problèmes

713 Périmètre du tapis de bain (en cm) :
(90 + 60) × 2 = 300.

714 Longueur du ruban à prévoir (cela revient à calculer le périmètre de la plaque de verre) (en cm) :
(100 + 45) × 2 = 290 ; soit 2,90 m.

715 Longueur de gouttière nécessaire (en m) : (14,20 + 9,30) × 2 = 47.

716 Périmètre du cadre (en cm) :
(40 + 30) × 2 = 140 ; soit 1,40 m.
Coût de l'encadrement (en €) :
1,4 × 1,35 = 1,89.

717 Longueur de la clôture (en m) :
[(34 × 16) × 2] – 2,6 = 97,4.
Prix de la clôture (en €) :
19,8 × 97,4 = 1 928,52.

718 Longueur de baguette (en cm) :
(80 + 50) × 2 = 130 × 2 = 260 ; soit 2,60 m.
Prix de l'encadrement (en €) :
2,60 × 4,15 = 10,79.

719 [(30 + 20) × 2] × 56 = 5 600
[(46 + 30) × 2] × 20 = 3 040
Longueur totale de baguette nécessaire (en cm) :
5 600 + 3 040 = 8 640 ; soit 86,4 m.

720 Périmètre d'un sous-verre (en cm) :
(25 + 18) × 2 = 86.
Longueur nécessaire de galon pour un sous-verre (en cm) : 86 + 10 = 96 ; soit 0,96 m.
Longueur de galon que le professeur doit commander (en m) : 0,96 × 24 = 23,04.

721 Longueur de plinthe nécessaire (en m) : [(6,5 + 5) × 2] – (0,8 + 0,9)
= 23 – 1,7 = 21,3.

722 Longueur de listel à prévoir (en m) :
[(2 + 3) × 2] × 12 = 120.
Nombre de listels à prévoir :
120 : 0,2 = 600.

723 Périmètre du jardin avec les ouvertures (en m) :
[(46 + 24) × 2] – (1 + 3) = 136.
Nombre d'éléments de barrières à commander : 136 : 2 = 68.

724 Périmètre de la prairie (en m) :
(170 + 120) × 2 = 290 × 2 = 580.
Longueur de fil de fer utilisée (en m) :
(580 – 3,50) × 3 = 576,50 × 3 = 1 729,50.

725 Périmètre de l'espace spectacle sans les entrées (en m) : [(240 + 144) × 2]
– (4,80 + 2,40) = 768 – 7,2 = 760,8.
Nombres de barrières de sécurité à prévoir :
760,8 : 2,40 = 317.
Périmètre des deux parkings (en m) :
[(65 + 110) × 2] + [(100 + 150) × 2]
= 350 + 500 = 850.
Nombre de rouleaux nécessaires :
850 : 50 = 17.

LE RECTANGLE :
CALCUL D'UNE DIMENSION

726 Longueur de la carte routière (en cm) : (364 : 2) – 50 = 182 – 50 = 132 ; soit 1,32 m.

727 Largeur de la couverture rectangulaire (en m) : (7,60 : 2) – 2,20 = 3,80 – 2,20 = 1,60.

728 Longueur du massif (en m) :
(22,50 : 2) – 4,80 = 11,25 – 4,80 = 6,45.

729 Périmètre du terrain (en m) :
2 960 : 8 = 370.
Largeur du terrain (en m) :
(370 : 2) – 110 = 75.

730 Périmètre du parterre (en m) :
35 + 3 = 38.
Largeur (en m) : (38 : 2) – 12 = 19 – 12 = 7.

731 6 m = 600 cm. Demi-périmètre du tableau (en cm) : 600 : 2 = 300.
Longueur (en cm) : (300 : 2) + 60 = 210.
Largeur (en cm) : (300 : 2) – 60 = 90.

L'aire du rectangle

page 135

Pour commencer

1

Longueur du rectangle	48 cm	60 cm	8 cm	8,2 m
Largeur du rectangle	31 cm	17,2 cm	4,5 cm	6 m
Aire du rectangle	1 488 cm²	1 032 cm²	36 cm²	49,2 m²

2

Longueur du rectangle	5,7 m	4 m	17 cm	54 cm
Largeur du rectangle	3 m	2,21 m	12,5 cm	47 cm
Aire du rectangle	17,1 m^2	8,84 m^2	212,5 cm^2	2 538 cm^2

3

Longueur du rectangle	16 m	8,3 cm	42 mm	325 m
Largeur du rectangle	3,5 m	60 cm	1,4 cm	150 m
Aire du rectangle	56 m^2	498 cm^2	5,88 cm^2	4, 875 ha

Travail oral

1 Aire de la salle (en m^2) : 12 x 8 = 96.

2 Superficie à peindre (en m^2) :
30 × 15 = 450.

2 Longueur de l'emplacement (en m) :
12 : 3 = 4.

4 Largeur du garage (en m) : 15 : 5 = 3.

Problèmes

734 Aire du terrain (en m^2) :
28 × 15 = 420.

735 Aire du salon (en m^2) :
3,7 × 18,25 = 10,36.

736 Aire de la cour (en m^2) :
58,5 × 18,25 = 1 067,625.

737 Largeur du parc rectangulaire (en m) :
56 320 : 320 = 176.

738 Aire du terrain (en m^2) :
42 × 35 = 1 470.
Prix du m^2 (en €) : 27 930 : 1 470 = 19.

739 Aire du dessus-de-lit (en cm^2) :
(24 × 12) × 198 = 57 024 ; soit 5,7024 m^2.

740 (170 × 60) : 100 = 102.
Il doit commander un peu plus de 100 carreaux (réponse b).

741 Aire du séjour (en m^2) :
6,4 × 4,8 = 30,72.
Aire de la 1re chambre (en m^2) :
3,75 × 2,7 = 10,125.
Aire de la 2e chambre (en m^2) :
4 × 2,7 = 10,8.
Surface totale à peindre (en m^2) :
30,72 + 10,125 + 10,8 = 51,645
et 51,645 × 2 = 103,29.
Peinture achetée (en m^2) : 38 × 3 = 114.
Oui c'est suffisant car 114 > 103,29.

742 Aire du terrain (en m^2) :
23 712 : 13 = 1 824.
Largeur du terrain (en m) :
1 824 : 76 = 24.

743 Aire nécessaire pour les chevaux (en m^2) : 45 × 300 = 13 500.
Largeur du terrain (en m) :
13 500 : 180 = 75.

744 Surface de la page (en cm^2) :
32 × 24 = 768.
Surface des trois photos (en cm^2) :
(11 × 15) × 3 = 495.
Surface non couverte par des photos (en cm^2) :
768 – 495 = 273.

Le périmètre du carré

page 138

Pour commencer

1 Périmètre du 1er carré (en cm) :
3,4 × 4 =13,6.
Périmètre du 2e carré (en cm) : 5 × 4 = 20.

2

Mesure du côté	5,8 cm	6,9 m	85 cm	3,6 cm
Périmètre du carré	23,2 cm	27,6 m	340 cm	14,4 cm

3

Mesure du côté	4,1 m	148 cm	1,06 m	23,7 hm
Périmètre du carré	16,4	592 cm	4,24 m	94,8 hm

Travail oral

1 Périmètre de l'échiquier (en cm) :
20 × 4 = 80.

2 Périmètre du bureau (en m) :
4 × 4 = 16.

3 Mesure du côté du livret (en cm) :
60 : 4 = 15.

4 Mesure du côté du boîtier (en cm) :
48 : 4 = 12.

Problèmes

747 Périmètre de la cour (en m) :
27 × 4 = 108.

748 Mesure d'un côté (en cm) :
320 : 4 = 80.

749 Largeur de la vitrine (en m) :
10,20 : 4 = 2,55.

750 Mesure du côté de la pendule (en cm) :
92 : 4 = 23.

751 Périmètre de la table (en cm) :
65 × 8 = 520.
Longueur de son côté (en cm) :
520 : 4 = 130 ; soit 1,30 m.

752 Périmètre du rectangle (en cm) :
(24 + 18) × 2 = 84.
Mesure du côté de ce carré (en cm) :
84 : 4 = 21.

753 Périmètre du tableau (en m) :
0,50 × 4 = 2.
Prix de la moulure (en €) :
80 – 53 = 27.
Prix d'un mètre de moulure (en €) :
27 : 2 = 13,5.

754 Périmètre de la salle de séjour (en m) :
4,25 × 4 = 17.
Longueur de la plinthe (en m) :
17 – (2,20 + 0,8) = 14.
Nombre de morceaux de plinthes à acheter :
14 : 2 = 7.
Dépense de Karine (en €) : 7 × 4,95 = 34,65.

755 Périmètre de la piscine (en m) :
928 : 29 = 32.
Longueur d'un côté de la piscine (en m) :
32 : 4 = 8.

756 Prix du galon (en €) :
31,65 – 22,85 = 8,80.
Périmètre de la toile (en m) : 8,8 : 2 = 4,4.
Longueur d'un côté (en m) : 4,4 : 4 = 1,1.

757 Coût total (en €) :
(35,70 × 4) × 109 = 15 565,2.
Part de chaque copropriétaire (en €) :
15 565,2 : 84 = 185,3.

758 Longueur de fils barbelés nécessaire (en m) : [(90 × 4) – 8] × 3 = 1 056.
Nombre de rouleaux nécessaires :
1 056 : 100 = 10,56 ; soit 11 rouleaux.
Dépense totale (en €) :
(11 × 27) + 284 = 581.

759 Longueur d'un côté (en cm) :
380 : 4 = 95.
Nombre de carreaux nécessaires :
(95 × 2) : 15 = 12,66 ;
soit 13 carreaux ; la bonne réponse est la a).

760 Dimension réelle du côté (en m) :
(4 : 4) × 25 = 25.
Périmètre (en m) : 25 × 4 = 100.
Longueur disponible (en m) : 25 × 9 = 225.
Longueur nécessaire (en m) : 100 × 3 = 300.
Nombre de rouleaux manquants :
(300 – 225) : 25 = 3.

L'aire du carré

page 141

Pour commencer

1 Aire du carré (en cm^2) : 4,5 × 4,5 = 20,25.

2

Mesure du côté	27 cm	43 mm	36 m
Aire du carré	729 cm^2	1 849 mm^2	1 296 m^2

3

Mesure du côté	4,2 cm	18 m	103 cm
Aire du carré	17,64 cm^2	324 m^2	10 609 cm^2

Travail oral

1 Aire du poster (en cm^2) :
80 × 80 = 6 400.

2 Aire du garage (en m^2) : 5 × 5 = 25.

3 Aire de l'abri de jardin (en m^2) :
3 × 3 = 9.

4 Aire maximale d'une photo (en cm^2) :
20 × 20 = 400.

Problèmes

763 Aire de l'échiquier (en cm^2) :
(3,5 × 3,5) × 64 = 784.

764 Aire de la pochette (en cm^2) :
12,5 × 12,5 = 156,25.

765 Aire de la page (en cm^2) :
35 × 35 = 1 225.
Aire des photos (en cm^2) :
(8 × 8) × 4 = 256.
Aire de la surface blanche non utilisée (en cm^2) :
1 225 – 256 = 969.

766 Aire du terrain carré (en m^2) :
43,5 × 43,5 = 1 892,25.
Prix du terrain (en €) :
1 892,25 × 99 = 187 332,75.

767 Aire du jardin carré (en m^2) :
25 × 25 = 625.
Nombre de jours pour bêcher :
625 : 125 = 5.

768 Aire de la salle de classe (en m^2) :
8 × 8 = 64.
Nombre d'élèves que la classe peut contenir :
(64 : 2) – 1 = 32 – 1 = 31.

769 Aires (en mm^2) :
300 × 300 = 90 000 ; soit 900 cm^2
600 × 600 = 36 000 ; soit 3 600 cm^2
750 × 750 = 562 500 ; soit 5 625 cm^2
900 × 900 = 810 000 ; soit 81 000 cm^2
1 200 × 1 200 = 1 440 000 ; soit 14 400 cm^2

770 Aire du champ (en m^2) :
175 × 175 = 30 625 ; soit 3,0625 ha.
Récolte de pommes de terre (en t) :
3,0625 × 2,5 = 7,656 25.

771 Aire du terrain (en m^2) :
29 × 29 = 841.
Nombre de kilogrammes qu'il faut prévoir (en kg) : 841 : 35 = 24,028 ; soit 24.

772 Superficie à peindre (en m^2) :
3,70 × 3,70 = 13,69.
Nombre de pots nécessaires :
(13,69 × 2) : 10 = 2,738 ; soit 3.
Dépense (en €) : 15,35 × 3 = 46,05.

773 Valeur du premier terrain (en €) :
(27 × 27) × 53 = 38 637.
Valeur du second terrain (en €) :
(15,50 × 15,50) × 88 = 21 142.
C'est le premier des deux frères qui a hérité du terrain le plus cher.
Il devra donner à l'autre (en €) :
(38 637 – 21 142) : 2 = 8 747,5.

774 Côté de la cour (en m) : 160 : 4 = 40.
Aire de la cour (en m^2) :
40 × 40 = 1 600.
Nombre d'enfants pouvant y jouer :
1 600 : 8 = 200.
Autre calcul :
(40 × 40) : 8 = (40 : 8) × 40 = 5 × 40 = 200.

775 Aire du jardin japonais (en m^2) :
(1,60 × 1,60) × 3 = 7,68.
Nombre de sacs de galets nécessaire :
7,68 × 2 = 15,36 ; soit 16.
Coût total des galets (en €) :
(18,90 × 16) = 302,4.
Prix de revient total du jardin japonais (en €) :
302,4 + 62 = 464,4.
Montant payé par chacun (en €) :
464,4 : 2 = 232,2.

776 Nouvelle aire de la cour (en m^2) :
(60 × 60) – (25 × 11) = 3 600 – 275 = 3 325.

777 Aire de moquette commandée (en m^2) :
4 × 4 = 16.
Prix de la moquette (en €) :
7,80 × 16 = 124,80.
Aire du morceau de moquette perdu (en m^2) :
16 – (3,8 × 3,8) = 16 – 14,44 = 1,56.

778 Longueur du côté (en m) :
12 : 4 = 3 ; soit 300 cm.
300 : 12 = 25.
Nombre de carreaux nécessaires :
25 × 25 = 625.
Nombre de cartons : (625 : 25) = 25.
Prix (en €) : 20,50 × 25 = 512,5.

L'aire du triangle

page 144

Pour commencer

1 Aire du triangle (en cm^2) :
(3 × 2) : 2 = 3.

2 Aire du triangle dessiné (en cm^2) :
(9 × 6,8) : 2 = 30,6.

3 Aire du triangle ABC (en cm^2) :
(4 × 7) : 2 = 14.
Aire du triangle DEF (en cm^2) :
(15 × 18) : 2 = 135.
Aire du triangle GHI (en cm^2) :
(3,8 × 5,4) = 10,26.

Travail oral

1 Aire de la cour (en m^2) :
(4 × 10) : 2 = 20.

2 Aire du triangle (en dm^2) :
(8 × 9) : 2 = 36.

3 Aire du champ (en m^2) :
(80 × 60) : 2 = 2 400.

4 Aire de la table basse (en m^2) :
(70 × 70) : 2 = 2 450.

Problèmes

781 Aire du parc (en m^2) :
(36 × 29) : 2 = 522.

782 Superficie de la salle (en m^2) :
(82 × 34) : 2 = 1 394.

783 Aire du terrain (en m^2) :
(48 × 35) : 2 = 840.
Aire de la pelouse (en m^2) :
840 – (18,5 × 12) = 840 – 222 = 618.

784 Aire du stand (en m^2) :
(8,20 × 5,40) : 2 = 22,14.

785 Rétrécissement de voies ; vents violents ; attention piétons ; chaussée glissante.
700 mm = 70 cm et 600 mm = 60 cm.
Aire d'un panneau (en cm^2) :
(70 × 60) : 2 = 2 100.
Aire de ces quatre panneaux (en m^2) :
2 100 × 4 = 8 400.
Prix pour ces quatre panneaux (en €) :
0,84 × 12,50 = 10,50.

786 Mesure de la hauteur (en m) :
30,5 × 2 = 61.
Aire du terrain (en m^2) :
(30,5 × 61) : 2 = 1 860,5 : 2 = 930,25.
Prix de vente du terrain (en €) :
930,25 × 19 = 1 767,75.

787 Superficie d'une vitre (en m^2) :
(1,60 × 1,20) : 2 = 0,96.
Superficie vitrée des trois étages (en m^2) :
(0,96 × 12) × 3 = 34,56.
Superficie vitrée au rez-de-chaussée (en m^2) :
(12 – 4) × 0,96 = 7,68.
Superficie vitrée totale de l'immeuble (en m^2) :
34,56 + 7,68 = 42,24.

788 Aire du terrain triangulaire (en m^2) :
(160 × 65) : 2 = 10 400 : 2 = 5 200.
Nombre d'arbres à acheter :
5 200 : 25 = 208.

789 Aire du terrain triangulaire (en m^2) :
[25 × (25 + 3)] : 2 = 350.
Valeur de ce jardin (en €) :
350 × 8 = 2 800.

790 Aire de la partie triangulaire (en m^2) :
(24 × 16,5) : 2 = 198.
Aire de la partie rectangulaire (en m^2) :
1 122 – 198 = 924.
Longueur de la partie rectangulaire (en m) :
924 : 24 = 38,5.

Le périmètre du cercle

page 147

Pour commencer

1 Périmètre du cercle (en cm) : 4 × 3,14 = 12,56.

2

Rayon du cercle	3 cm	4,5 cm	5,5 cm
Diamètre du cercle	6 cm	9 cm	11 cm
Périmètre du cercle	18,84 cm	28,26 cm	34,54 cm

3

Rayon du cercle	50 mm	13,5 cm	4,5 cm
Diamètre du cercle	100 mm	27 cm	9 cm
Périmètre du cercle	314 mm	84,78 cm	28,26 cm

4

Rayon du cercle	7 cm	9 dm	2,5 cm
Diamètre du cercle	14 cm	18 dm	5 cm
Périmètre du cercle	43,96 cm	56,52 dm	15,7 cm

5

Rayon du cercle	1 cm	5 cm	9,5 cm
Diamètre du cercle	2 cm	10 cm	19 cm
Périmètre du cercle	6,28 cm	31,4 cm	59,66 cm

Problèmes

793 Périmètre de la terrasse circulaire (en m) : 9 × 3,14 = 28,26.

794 Périmètre de chacune des roues (en cm) : (27 × 2) × 3,14 = 54 × 3,14
= 169,56.

795 Longueur de grillage nécessaire (en m) : (1,15 × 2) × 3,14 = 2,30 × 3,14 = 7,222.

796 Périmètre du panneau (en m) : (0,275 × 2) × 3,14 = 1,727.

797 Longueur du trottoir (en m) : 17 × 3,14 = 53,38.

798 Longueur de la haie (en m) : (4,5 × 2) × 3,14 = 9 × 3,14 = 28,26.

799 Périmètre de la roue (en cm) : 55 × 3,14 = 172,7 ; soit 1,727 m.
Distance parcourue après 100 tours (en m) : 1,727 × 100 = 172,7.
Distance parcourue après 500 tours (en m) : 1,727 × 500 = 863,5.

800 Longueur de galon nécessaire (en cm) : (30 × 3,14) + (35 × 3,14)
= 65 × 3,14 = 204,10.

801 Circonférence de l'équateur (en km) : 12 761 × 3,14 = 40 069,54 ;
soit 40 070 au kilomètre près par excès.

802 Circonférence du tronc d'arbre (en m) : 0,8 × 3,14 = 2,512.

803 Longueur (périmètre) d'une bordure (en m) : 4,20 × 3,14 = 13,188.
Longueur totale de bordure à prévoir (en m) : 13,188 × 5 = 65,94.

804 Périmètre du cerceau (en m) : 0,8 × 3,14 = 2,512.
Nombre de tours complets effectués par le cerceau : 21 : 2,516 = 8,35 ; soit 8.

805 Périmètre (en cm) : 2,5 × 3,14 = 7,85.

806 Diamètre du tronc (en cm) : 330 : 3,14 = 105,09554 ; soit 1,05 au cm près par défaut.

807 Rayon du cercle (en cm) : (47,1 : 3,14) : 2 = 15 : 2 = 7,5.

808 Circonférence du manège (en m) : 612,30 : 15 = 40,82.
Longueur de la corde (en m) : (40,82 : 3,14) : 2 = 13 : 2 = 6,5.

809 Diamètre du bassin (en m) : (14,13 : 3,14) – (0,50 × 2) = 4,5 – 1 = 3,5.

810 Longueur totale du nombre 88 (en m) : (0,85 × 3,14) × 4 = 2,669 × 4 = 10,676.
Diamètre du grand cercle (en m) : 6,908 : 3,14 = 2,2.

Aire de surfaces décomposables

page 150

Problèmes

813 Périmètre de la lettre (en m) : 0,20 + 0,90 + 0,70 + 0,20 + 0,50 + 0,70
= 3,20.
Aire de la lettre (en m^2) : (0,90 × 0,20) + (0,50 × 0,20) = 0,18 + 0,10 = 0,28.

814 Aire de la partie A (en m^2) : 40 × (55 – 15) = 600.
Aire de la partie B (en m^2) : 15 × 15 = 225.
Aire de la partie C (en m^2) : [(73 – 55) × 15 : 2] = 270 × 2 = 135.
Aire de la figure initiale (en m^2) : 600 + 225 + 135 = 960.

815 Aire des demi-cercles (en m^2) : [14 624 – (120 × 80)] : 2 = 5 024 : 2
= 2 512.

816 Aire totale (en m^2) :
(32 + 8 + 8) × (3 × 8) = 48 × 24 = 1 152.
Aire du préau (en m^2) : 8 × 24 = 192.
Aire des classes (en m^2) :
(32 × 8) + (12 × 8) = 256 + 96 = 352.
Aire de la cour (en m^2) :
1 152 − (192 + 352) = 1 152 − 544 = 608.

817 Aire totale (en m^2) :
50 × 30 = 1 500.
Aire de la maison (en m^2) : 10 × 8 = 80.
Aire de l'allée (en m^2) : 2,50 × 16 = 40.
Aire du bassin (en m^2) : (3 × 5) : 2 = 7,5.
Aire de la pelouse (en m^2) :
1 500 − (80 + 40 + 7,5) = 1 372,5.

818 Aire du triangle (en m^2) :
(60 × 69) : 2 = 2 070.
Aire du rectangle entaillé (en m^2) :
(300 × 120) − (30 × 30) = 36 000 − 900
= 35 100.
Aire du champ (en m^2) :
2 070 + 35 100 = 37 170 ; soit 3,717 ha.
Prix du terrain (en €) :
3,717 × 5 340 = 19 848,78.

819 1 km = 1000 m
Aire du terrain (en m^2) :
[(1 000 × 500) : 2] + [(1 000 × 600) : 2]
= 250 000 + 300 000 = 550 000.
Budget à prévoir (en €) :
550 000 × 14 = 7 700 000.

Synthèse

page 152

Pour commencer

1 4 min et 35 s = 275 s
2 h et 45 min = 165 min
2 j et 5 h = 53 h
86 h = 3 j et 14 h
425 s = 7 min et 5 s
227 min = 3 h et 47 min

2 4 h 15 min + 2 h 53 min = 7 h 08 min
10 h 24 min − 2 h 38 min = 7 h 46 min
7 h − 3 h 15 min = 3 h 45 min

3 170 cm = 17 dm
5 m et 5 cm = 505 cm
3 km et 2 hm = 3 200 m
4 720 mm = 472 cm
8 km et 400 m = 8 400 m
10 000 = 10 km

4 279 cm = 2,79 m
6 m et 6 cm = 6,06 m
1 km et 20 m = 1 020 m
583 mm = 58,3 cm
85 cm = 0,85 m
1 m et 58 cm = 1 580 mm

5 859 g = 0,859 kg
10 g et 5 cg = 1 005 cg
4 kg et 300 g = 4 300 g
950 g = 0,950 kg
5 kg et 50 g = 20,50 hg
1 975 kg = 1,975 t

6 320 cL = 3,20 L
7 L et 3 cL = 7 030 mL
9 L et 200 mL = 9 200mL
215 mL = 21,5 cL
2 hL et 40 L = 240 L
3 700 mL = 3,700 L

7

Longueur du rectangle	8,4 cm	61 m	24 m	56 cm
Largeur du rectangle	7 cm	24,5 m	13 m	27,5 cm
Périmètre du rectangle	30,8 cm	171 m	74 m	167 cm
Aire du rectangle	58,8 cm^2	1 494,5 m^2	312 m^2	1 540 cm^2

8

Côté du carré	82 m	56,4 m	2 m	68 cm
Périmètre du carré	328 m	225,6 m	8 m	272 cm
Aire du carré	6 724 m^2	3 180,96 m^2	4 m^2	4 624 cm^2

9

Rayon du cercle	20,5 cm	16 cm	5 m
Diamètre du cercle	41 cm	32 cm	10 m
Périmètre du cercle	128,74 cm	100,48 cm	31,4 m

10

Longueur du pavé droit	9 cm	1 m	12 cm
Largeur du pavé droit	3,2 cm	0,5 m	2 cm
Hauteur du pavé droit	12 cm	0,7 m	12 cm
Volume du pavé droit	345,6 cm^3	0,35 m^3	288 cm^3

Problèmes

820 2010 – 1671 = 339.
Le premier télescope a été construit par Isaac Newton en 1671. Depuis cette date, il s'est écoulé 3 siècles, 3 décennies et 9 ans.

821 Nombre de jours du 28 septembre au 30 septembre = 3.
Nombre de jours du 1er octobre au 9 novembre = 31 + 9 = 40.
Durée prévue pour cette expédition (en jours) : 40 + 3 = 43.

822 Nombre d'années écoulées depuis la fondation de La Nouvelle-Orléans :
2010 – 1718 = 292.
Nombre d'années pendant lesquelles La Nouvelle-Orléans est restée française :
1803 – 1718 = 85.
Nombre d'années depuis lesquelles la Louisiane est un État américain :
2010 – 1812 = 198.

823 Durée de course :
109 heures = 4 jours et 13 heures.
Il franchira la ligne vendredi à 4 heures du matin.

824 15 × 24 = 360 secondes ; soit 6 minutes
Heure affichée par l'horloge : 20 h 06.

825 Aude est née le 19 novembre 1996.
Léa est née le 4 mars 1996.

826 Durée de la partie :
22 h 02 min – 19 h 45 min = 2 h 17 min.
Temps utilisé par le second joueur :
2 h 17 min – 1 h 17 min = 1 h.

827 48 h 47 min et 30 s = 2 j 47 min et 30 s.
Jour et heure d'arrivée :
13 juin à 12 h 47 min 30 s.
Vitesse moyenne (en km/h) : 1 178 : 49 = 24.

828 Distance Paris – Bourges (en km) :
120 + 110 = 230.
Distance Bourges – Saint-Flour (en km) :
92 + 90 + 108 = 290.
Distance Orléans – Montluçon (en km) :
110 + 92 = 202.
Distance Montluçon – Saint-Flour (en km) :
90 + 108 = 198.
Distance Orléans – Clermont-Ferrand (en km) :
110 + 92 + 90 = 292.
Distance Paris – Clermont-Ferrand (en km) :
120 + 110 + 92 + 90 = 412.
Indication du compteur kilométrique au départ de Paris (en km) :
53 068 – (120 + 110 + 92) = 53 068 – 322
= 52 746.

829 Masse totale expédiée (en g) :
(36 × 750) + (144 × 200) + (90 × 60)
= 61 200 ; soit 61,200 kg.

830 Masse de la colonie de morses (en t) :
1,3 + (0,550 × 5) = 4,05.

831 30 cL= 0,0030 hL
Consommation de boisson au cours du carnaval (en hl) : 0,0030 × 70 800 = 212,4.

832 Capacité totale des bidons (en L) :
6 × 5 = 30 ; soit 3 000 cL.
Nombre de gobelets qu'il est possible de remplir : 3 000 : 12 = 250.

833 Périmètre du terrain avec ouverture (en m) : [(41 + 23) × 2] – 3 = 125.
Prix de revient de la clôture (en €) :
125 × 14 = 1 750.

834 Volume de la boîte (en cm^3) :
32 × 14 × 14 = 6 272.

835 Longueur de grillage nécessaire (en m) :
[(23,5 + 18) × 2] – 2,75 = 83 – 2,75 = 80,25.

836 Périmètre des terrains (en m) :
(35 + 25) × 2 = 120.
Longueur d'un coté du terrain carré (en m) :
120 : 4 = 30.
Aire du terrain rectangulaire (en m^2) :
35 × 25 = 875.
Aire du terrain carré (en m^2) :
30 × 30 = 900.
Différence des deux aires (en m^2) :
900 – 875 = 25.

837 Longueur de la plinthe (en m) :
[(12 + 8,5) × 2) – (0,82 × 2) = 41 – 1,64
= 39,36.
Aire de la classe (en m^2) : 12 × 8,5 = 102.

838 Aire de la plaque de verre (en cm^2) :
24 × 24 = 576.

839 Aire de la pièce à carreler (en m^2) :
13,50 × 6,30 = 85,05.
Dépense totale (en €) :
(85,05 × 17) + 880 = 2 325,85.

840 Longueur d'un muret (en m) :
(2 × 4,5) × 3,14 = 28,26.
Aire de la pelouse (en m^2) :
(35 × 23) – [63,5 × 2] = 805 – 127 = 678.

841 Périmètre d'une poulie (en cm) :
9 × 3,14 = 28,26.
Longueur de la courroie (en cm) :
28,26 + (72 × 2) = 172,26 ; soit 173 au cm près par excès.

842 82 – (15 × 2) = 82 – 30 = 52 ;
200 – (15 × 2) = 200 – 30 = 170.
Longueur de baguette nécessaire (en cm) :
(52 × 2) + (170 × 2) = 104 + 340 = 444.

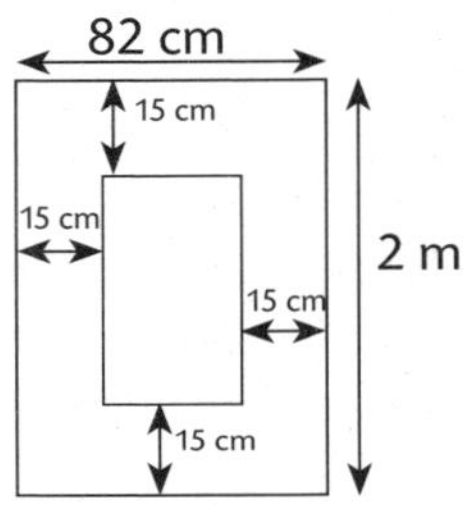

843 Aire du champ carré (en m^2) :
135 × 135 = 18 225.
Périmètre du champ carré (en m) :
135 × 4 = 540.
Aire du champ rectangulaire (en m^2) :
18 225 × 2 = 36 450.
Longueur du champ rectangulaire (en m) :
36 450 : 180 = 202,50.
Périmètre du champ rectangulaire (en m) :
(202,50 + 180) × 2 = 382,50 × 2 = 765.
Périmètre des deux champs (en m) :
540 + 765 = 1 305.
Nombre de rouleaux nécessaires :
(1 305 × 5) : 75 = 1 305 : 15 = 87.
Dépense (en €) : 87 × 18 = 1 566.

844 Aire du T (en m^2) :
(0,6 × 0,2) + (1 × 0,2) = 0,32.
Aire du A (en m^2) :
(0,2 × 0,6) + (1 × 0,2 × 2) + (0,2 × 0,2) = 0,56.
Aire du C (en m^2) :
(0,6 × 0,2 × 2) + (0,8 × 0,2) = 0,4.
Aire totale (en m^2) : 0,32 + 0,56 + 0,4 = 1,28.

845 Périmètre de son ancien terrain (en m) :
145 × 4 = 580.
Aire de son ancien terrain (en m^2) :
145 × 145 = 21 025.
Largeur de la parcelle (en m) :
174 – 145 = 29.
Longueur de la parcelle (en m) : 145.
Périmètre du nouveau terrain (en m) :
(174 + 145) × 2 = 638.
Aire du nouveau terrain (en m^2) :
174 × 145 = 25 230.
On peut calculer l'aire de la parcelle (en m^2) :
25 230 – 21 025 = 4 205 ;
ou 29 × 145 = 4 205.

846 Longueur du champ (en m) :
1 875 : 25 = 75.
Périmètre du nouveau champ (en m) :
[(75 + 25) + 75] × 2 = 350.

847 Aire d'une parcelle carrée (en m^2) :
45 × 45 = 2 025.
Aire totale pour les deux parcelles (en m^2) :
2 025 × 2 = 4 050.
Nombres de lots obtenus :
4 050 : 506,25 = 8.
Vente des lots (en €) :
8 × 48 780 = 390 240.

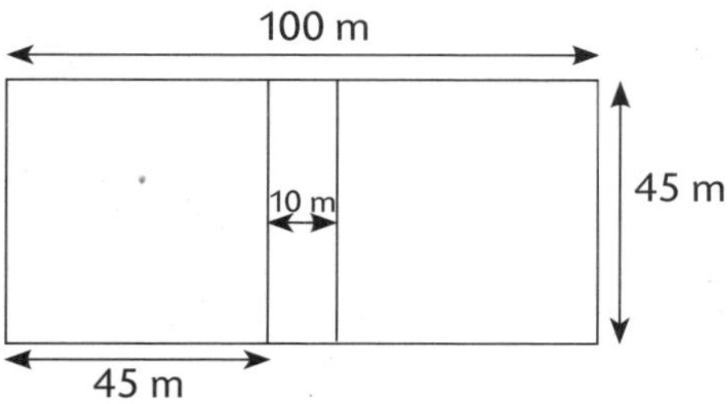

848 Périmètre du terrain carré (en m) :
84 × 4 = 336.

Périmètre du terrain rectangulaire (en m) :
336 : 2 = 168.

Largeur du terrain rectangulaire (en m) :
(168 : 2) – 60 = 24.

849 Aire du carré (en m^2) :
0,8 × 0,8 = 0,64.
Aire de la surface orange (en m^2) :
0,64 – 0,5 = 0,14.

850 Périmètre du triangle équilatéral (en m) :
39 × 3 = 117.
Prix total de la clôture (en €) :
117 × 11,50 = 1 345,5.

851 Aire de la petite voile (en m^2) :
(3 × 6,20) : 2 = 9,3.
Aire de la grande voile (en m^2) :
(4,30 × 6,40) : 2 = 13,76.
Aire totale de la voilure (en m^2) :
9,3 + 13,76 = 23,06.

852 Aire des terrains (en m^2) :
(23 × 17) + [(22 × 15) : 2] = 391 + 165 = 556.
Part d'héritage de chacun des deux frères (en €) : [(556 × 54) + 22 700] : 2
= (30 024 + 22 700) : 2
= 52 724 : 2 = 26 362.

853 Périmètre des demi-cercles (en cm) :
(3,14 × 2) × 2 = 12,56.
Périmètre total (en cm) :
12,56 + (2 × 3) = 18,56.

854 La figure mesure 7 cm de largeur et 11 cm de longueur.
Aire des carrés blancs (en cm^2) :
(1 × 1) × 12 = 12.
Aire de la figure (en cm^2) :
(7 × 11) – 12 = 65.

855 Aire de la réserve (en m^2) :
[75 × (200 – 125)] : 2 = 2 812,50.
Aire de la partie réservée à la vente (en m^2) :
125 × 75 = 9 375.

856 Longueur du grillage (en m) :
(28 × 3,14) + (42 × 3,14) = 87,92 + 131,88
= 219,80.
(Cette longueur est la somme des périmètres des cercles de diamètres 28 m et 42 m.)

IV ORGANISATION ET GESTION DE DONNÉES

Proportionnalité

page 160

Pour commencer

1

	École Pasteur	École Giono	École Matisse	École Pagnol	École Mistral	École Monet
Nombre de ballons achetés	4	8	12	2	6	3
Prix payé (en €)	28	56	84	14	42	21

2

Nombres de seaux	3	9
Quantité d'eau (en L)	24	72

Nombres de savons	7	6
Prix des savons (en €)	35	30

Nombres de repas	3	5
Prix total (en €)	84	140

Nombres de livres	4	5
Prix des livres (en €)	48	60

3

Quantité des poires (en kg)	3	1	4	6	7	9
Prix total (en €)	6,75	2,25	9	13,50	15,75	20,25

4 Si trois scooters valent 2 436 €, il suffit de multiplier le coût par 2 pour connaître le montant total de cette commande.
Montant total de la commande (en €) : 2 436 × 2 = 4 872.

Travail oral

1 Consommation moyenne pour 300 km (en L) : (300 : 100) × 6 = 18.
Consommation moyenne pour 50 km (en L) : (50 : 100) × 6 = 3.

2 3 = 6 : 2
Quantité à utiliser pour 3 personnes :
- lait (en L) : 0,5 : 2 = 0,25.
- sucre (en g) : 70 : 2 = 35.
- nombre de jaunes d'œufs : 6 : 2 = 3.

3 Prix d'un kg d'oranges (en €) : 6,15 : 3 = 2,05.

4 Consommation moyenne journalière du troupeau (en kg) : (450 : 3) × 10 = 1 500.

Problèmes

857 Prix payé pour trois chaussons aux pommes (en €) : 1,45 × 3 = 4,35.
Prix payé pour cinq chaussons aux pommes (en €) : 1,45 × 5 = 7,25.

858 Poids du carton de 6 pots (en g) : (780 : 2) × 6 = 2 340 ; soit 2 kg 340 g.

859 Prix de vente des 25 m de fil de fer (en €) : (27 x 25) : 100 = 6,75.

860 42 : 6 = 7.
Montant de la commande (en €) :
20,50 × 7 = 143,50.

861 Nombre d'exemplaires de journaux vendus chaque jour :
(570 × 127 000 000) : 1 000 = 72 390 000.

862 Prix que maman a payé (en €) :
(230 : 100) × 1,90 = 4,37.

863 48 : 12 = 4.
Masse de l'ensemble du chargement (en kg) :
87 × 4 = 348.

864 12 : 3 = 4. Temps nécessaire pour parcourir 12 km (en min) :
36 × 4 = 144 ; soit 2 h 24 min.

865 Prix d'une bouteille (en €) :
2,40 : 3 = 0,80.
Prix pour 4 bouteilles (en €) :
0,80 × 4 = 3,2.
Prix pour 7 bouteilles (en €) :
0,80 × 7 = 5,6.

866 Prix du kilogramme (en €) :
9 : 5 = 1,8.
Prix du baril de 8 kg (en €) : 1,8 × 8 = 14,4.

867 Prix pour 5 kg (en €) :
(6,57 x 5) : 3 = 10,95.

868 3 minutes = 180 secondes.
Montant que rapporte un espace publicitaire de 3 minutes (en €) :
(70 000 x 180) : 30 = 420 000.

869 4 700 : 100 = 47.
Quantité de cidre obtenue (en L) :
60 × 47 = 2 820.

870 Prix du poulet pesant 1,5 kg (en €) :
(9,96 x 1,5) : 1,4 = 10,67.

871 Capacité d'un arrosoir (en L) :
165 : 15 = 11.
Nombre d'arrosoirs nécessaires :
5 500 : 11 = 500.

872 Temps pour creuser une tranchée de 70 m : (3 : 84) × 70 = 2,50 heures ;
soit 2 h 30 min.

873 (60 : 5) : 2 = 6.
Notre consommation moyenne de sel par jour et par personne est donc 3 fois trop élevée (réponse a).

874 Coût de l'ensemble de la commande (en €) : (50 : 4) × 28 = 350.

875 Prix payé pour 2 billets (en €) :
(19,50 : 3) × 2 = 13.
1re méthode
• pour l'achat de 5 billets (en €) :
(19,50 : 3) × 5 = 32,50.
• pour l'achat de 6 billets (en €) :
(19,50 : 3) × 6 = 39.
2e méthode
• pour l'achat de 5 billets (en €) :
13 + 19,50 = 32,50.
• pour l'achat de 6 billets (en €) :
19,50 × 2 = 39.

876 Nombre de pièces en moyenne par jour :
(963 × 7) : 3 = 2 247.
Nombre de pièces en moyenne sur 6 jours :
2 247 × 6 = 13 482.

877

	Nombre de calories dans un verre de 25 cL	Nombre de calories dans une bouteille d'un litre
Eau plate	0	0
Jus de fruits frais	60	240
Boisson sucrée	125	500
Vin	175	700

878 Sébastien pourra faire une mousse au chocolat pour 2 personnes car 4 : 2 = 2.
Ingrédients pour 10 personnes :
– nombre d'œufs : (4 × 10) : 4 = 10 ;
– quantité de chocolat (en g) :
(250 × 10) : 4 = 625.

879 18 + 6 = 24 ; 1 h 30 min = 90 min.
Temps nécessaire pour parcourir une distance plus longue de 6 km (en min) :
(90 : 18) × 24 = 5 × 24 = 120 min ; soit 2 h.

Proportionnalité : les pourcentages

page 164

Pour commencer

1 (5 × 96) : 100 = 4,8 €
(15 × 350) : 100 = 52,5 m
(25 × 650) : 100 = 162,5 L

2 (7 × 240) : 100 = 16,8 €
(10 × 825) : 100 = 82,5 kg
(17 × 5 000) : 100 = 850 €

Travail oral

1 Montant de la réduction (en €) :
(10 × 190) : 100 = 19.
Nouveau prix (en €) : 190 – 19 = 171.

2 Somme économisée (en €) :
(1 500 × 5) : 100 = 75.

3 Nombre de marcheuses :
(60 × 200) : 100 = 120.

4 (1 700 × 2) : 100 = 34
Nouveau salaire (en €) :
1 700 + 34 = 1 734.

5 Prix du parapluie soldé (en €) :
(20 × 20) : 100 = 4 et 20 – 4 = 16.
Elle n'a pas suffisamment d'argent.

Problèmes

882 Nombre d'exploitations agricoles en 2007 (en milliers) :
1 157 – (1 157 × 0,24) = 1 154 – 277,68
= 879,32 ; soit 879.

883 Réduction (en €) :
(46 × 25) : 100 = 11,50.
Nouveau prix de la lampe de chevet (en €) :
46 – 11,50 = 34,50.

884 Quel est le montant de la réduction ?
Montant de la réduction (en €) :
0,45 × (52 × 2,6) = 60,84.
Quel est le montant de l'abonnement ?
Montant de l'abonnement (en €) :
(52 × 2,6) – 60,84 = 74,36.

885 Masse du paquet d'engrais (en kg) :
[(4 × 25) : 100] + 4 = 1 + 4 = 5.

886 Nombre de femmes au Parlement :
736 × 0,349 = 256,86 ; soit 257.

887 Montant des frais (en €) :
244 850 × 0,24 = 58 764.
Coût total de l'acquisition (en €) :
244 850 + 58 764 = 303 614.

888 Bénéfice réalisé (en €) :
3 240 × 0,15 = 486.

889 Nouvelle production de balais essuie-glace : 430 000 + (430 000 × 0,12) = 481 600.

890 Réduction (en €) : (119 × 15) : 100 = 17,85.
Prix de la paire de rollers (en €) :
119 – 17,85 = 101,15.

891 Quantité d'eau restante (en L) :
800 – (800 × 0,15) = 680.

892 Nombre des reçus : 1 200 × 0,68 = 816.

893 Nombres d'espèces de mammifères menacées : 5 400 × 0,25 = 1 350.

894 Nombre de 16-24 ans : 250.
Nombre de plus de 60 ans : 200.
Nombre total des 16-24 ans qui vont au moins 12 fois au cinéma dans l'année :
250 × 0,16 = 40.
Nombre total des plus de 60 ans qui vont au moins 12 fois au cinéma dans l'année :
200 × 0,02 = 4.

895 Population inuit :
5 000 000 × 0,02 = 100 000.

896 Quel est le nombre de femmes analphabètes ?
Nombre de femmes analphabètes :
774 000 000 × 0,64 = 495 360 000.
Quel est le pourcentage d'hommes analphabètes ?
Pourcentage d'hommes analphabètes :
100 – 64 = 36.

897 Étendue des déserts australiens (en km^2) : 7 700 000 × 0,8 = 6 160 000.

898 Nombre de navires français en 2008 :
5 187 – (5 187 × 0,04) = 4 979,52 ; soit 4 980.
Nombre de bateaux de pêches de plus de 16 mètres en 2008 :
4 980 × 0,14 = 697,2 ; soit 697.

899 Production de pommes (en milliers de tonnes) : 47,6 × 45 = 2 142.
Production de pommes de table (en milliers de tonnes) :
2 142 × 0,84 = 1 799,28 ; soit 1 799.

900 Prix des trois jeux (en €) :
24 × 3 = 72.
Réduction (en €) : (72 × 20) : 100 = 14,4.
Nouveau prix des trois jeux (en €) :
72 – 14,4 = 57,6.
Prix de revient d'un jeu (en €) :
57,6 : 3 = 19,2.

901 Montant des arrhes (en €) :
(690 × 10) : 100 = 69.
Il leur reste à payer (en €) : 690 – 69 = 621.
Montant du premier versement (en €) :
(621 × 40) : 100 = 248,4.
Montant du deuxième versement (en €) :
(621 × 30) : 100 = 186,3.
100 – (40 + 30) = 30.
Montant du solde (en €) :
(621 × 30) : 100 = 186,3.
Vérification :
69 + 248,4 + (186,3 × 2) = 690.

902 Nombre de nouvelles espèces de mammifères découvertes chaque année :
(10 000 × 0,07) : 100 = 7.

Proportionnalité : les échelles

page 168

Travail oral

1 Longueur en taille réelle du mur (en cm) : 5 × 100 = 500 ; soit 5 m.

2 Longueur en taille réelle du tableau (en cm) :
2 × 50 = 100 ; soit 1 m.

3 500 m = 50 000 cm.
Longueur de la rue (en cm) :
50 000 : 1 000 = 50.

4 25 m = 2 500 cm.
Longueur sur le plan de la piscine (en cm) :
2 500 : 1 000 = 2,5.

5 Longueur en taille réelle d'une allée (en cm) : 4 × 250 = 1 000 ; soit 10 m.

Problèmes

905 Distance réelle (en cm) :
9,4 × 5 000 000 = 47 000 000 ; soit 470 km.

906 Distance réelle (en cm) :
9 × 4 000 000 = 36 000 000 ; soit 360 km.

907 Distance réelle (en cm) :
7 × 4 000 000 = 28 000 000 ; soit 280 km.

908 Parterre de fleurs :
longueur (en cm) : 3 × 100 = 300 ; soit 3 m ;
largeur (en cm) : 2 × 100 = 200 ; soit 2 m.
Potager :
longueur (en cm) : 5 × 250 = 1 250 ; soit 12,5 m ;
largeur (en cm) : 3 × 250 = 750 ; soit 7,5 m.

909 Distance réelle entre les deux villes (en cm) :
3,5 × 200 000 = 700 000 ; soit 7 km (1 cm sur la carte représente 2 km sur le terrain.)

910 20 km = 2 000 000 cm. Distance sur le plan (en cm) : 2 000 000 : 50 000 = 40. (2 cm sur la carte représente 1 km sur le terrain.)

911 Longueur réelle de ce tronçon (en cm) :
4,8 × 50 000 = 240 000 ; soit 2,4 km.

912 Distance réelle de l'étape (en cm) :
25 × 2 000 000 = 50 000 000 ; soit 500 km.

913 46,5 m = 4 650 cm.
Longueur (en cm) : 4 650 : 500 = 9,3.
31 m = 3 100 cm.
Largeur (en cm) : 3 100 : 500 = 6,2.

914 Dimensions du rectangle représenté sur le terrain (en cm) :
80 × 25 000 = 2 000 000 ; soit 20 km ;
56 × 25 000 = 1 400 000 ; soit 14 km.

915
4 + 2,5 + 6,8 + 0,4 + 3 + 5,5 + 1 + 4,2 + 2 = 29,4.
Dimension parcourue chaque semaine (en cm) :
29,4 × 25 000 = 735 000 ; soit 7,35 km.

916 On peut calculer les dimensions de la France du nord au sud et d'est en ouest.
Du nord au sud (en cm) :
20 × 5 000 000 = 100 000 000 ; soit 1 000 km.
D'est en ouest (en cm) :
18 × 5 000 000 = 90 000 000 ; soit 900 km.

917 Dimensions sur le plan :
L = 6,5 cm ; l = 3,8 cm.
Dimensions réelles (en cm) :
L = 6,5 × 2 500 = 16 250 ; soit 162,50 m.
l = 3,8 × 2 500 = 9 500 ; soit 95 m.
Aire (en m^2) : 162,50 × 95 = 15 437,50.

918 Côté du terrain (en cm) :
6 × 250 = 1 500 ; soit 15 m.
On peut donc construire une maison de 11,30 m de façade sur ce terrain.
On peut encore calculer la marge (en m) :
15 – 11,30 = 3,70.

919 Nombre de jours pendant lesquels le facteur travaille en une année :
(52 – 7) × 5 = 225.
Distance réelle parcourue par jour (en cm) :
18,75 × 80 000 = 1 500 000 ; soit 15 km.
Distance réelle parcourue en une année (en km) :
15 × 225 = 3 375.

920 La maison :
l (en cm) : 1,9 × 500 = 950 ; soit 9,5 m.
L (en cm) : 2,4 × 500 = 1 200 ; soit 12 m.
Le terrain :
l (en cm) : 5,6 × 500 = 2 800 ; soit 28 m.
L (en cm) : 8,6 × 500 = 4 300 ; 43 m .
La piscine :
l (en cm) : 0,6 × 500 = 300 ; soit 3 m.
L (en cm) : 1,1 × 500 = 550 ; soit 5,5 m.

921 Distance réelle entre Paris et Madrid (en m) : 0,35 × 3 000 000 = 1 050 000 ; soit 1 050 km.
345 km = 34 500 000 cm.
Distance sur le plan entre Paris et Londres (en cm) : 34 500 000 : 3 000 000 = 11,5.

Proportionnalité : vitesse-durée-distance

page 172

Travail oral

1 Vitesse moyenne du piéton (en km/h) :
15 : 3 = 5.

2 Vitesse moyenne de l'avion (en km/h) :
1 500 : 2 = 750.

3 Distance séparant leur domicile de leur lieu de vacances (en km) :
80 × 7 = 560.

4 Distance moyenne parcourue en deux heures (en km) : 11 × 2 = 22.
Distance moyenne parcourue en 30 minutes (en km) : (11 × 30) : 60 = 5,5.

Problèmes

924 Temps nécessaire pour fabriquer 425 pièces (en h) : 425 : 25 = 17.

925 Distance parcourue (en km) :
172 × 12 = 2 064.

926 Temps passé sur son vélo (en h) :
205 : 41 = 5.

927 Vitesse moyenne (en km/h) :
420 : 3 = 140.

928 Distance parcourue (en km) :
(17 – 14) × 5 = 3 × 5 = 15.

929 15 min = 0,25 h.
Vitesse moyenne (en km/h) :
9 750 : 0,25 = 9 750 × 4 = 39 000.

930 30 min = 0,5 h. Distance à parcourir (en km) : 50 × 0,5 = 25.

931 1 an = 365 j ; 365 × 24 = 8 760 h.
Distance parcourue par la Terre en une révolution (en km) :
107 136 × 8 760 = 938 511 360.

932 Durée du parcours (en h) :
575 : 230 = 2,5 ; soit 2 h 30 min.

933 Vitesse moyenne (en km/h) :
58 : 2,5 = 23,2.

934 12 h 45 min – 7 h 30 min = 5 h 15 min ;
5 h 15 min – (3 × 5 min)
= 5 h 15 min – 15 min = 5 h.
Vitesse moyenne (en km/h) : 22,5 : 5 = 4,5.

935 Durée du trajet pour le piéton (en h) :
26 : 4 = 6,5 ; soit 6 h 30 min.
Durée du trajet pour le cycliste (en h) :
26 : 26 = 1.
Durée du trajet pour l'automobiliste (en h) :
26 : 78 = 0,33 et 0,33 × 60 = 20 ;
soit 20 minutes.

936 Durée du trajet :
17 h 15 min – 14 h 45 min = 2 h 30 min = 2,50 h.
Vitesse moyenne (en km/h) :
52,500 : 2,5 = 21.

Proportionnalité : synthèse

page 174

Problèmes

939 Prix pour un rôti de 1,1 kg (en €) :
(16 : 0,8) × 1,1 = 22.

940 Nombre de jours travaillés :
22 – 5 = 17. Montant de son salaire (en €) :
(1 276 : 22) × 17 = 986.

941 555 kg = 0,555 t.
Masse totale de la récolte (en t) :
(6 120 : 300) × 0,555 = 20,4 × 0,555 = 11,322.

942 Prix total des 19 cartes (en €) :
(77 : 14) × 19 = 104,5.
Somme dépensée pendant ce salon (en €) :
104,5 – 77 = 27,5.

943 Prix des 6 chaises (en €) :
527 – 257 = 270.
Prix d'une chaise (en €) : 270 : 6 = 45.
Son voisin va payer (en €) :
257 + (45 × 4) = 257 + 180 = 437.

944 Nouveau prix de vente (en €) :
125 – [(125 × 12) : 100] = 125 – 15 = 110.

945 Subvention allouée à l'association (en €) :
2 000 + [(2 000 × 5) : 100] = 2 000 + 100
= 2 100.

946 Population actuelle de la ville (en hab.) :
14 260 + [(14 260 × 30) : 100]
= 14 260 + 4 278 = 18 538.
Autre calcul : 14 260 × 1,3 = 18 538.

947 Nouveau prix du magazine (en €) :
4,50 + [(4,50 × 12) : 100] = 4,50 + 0,54
= 5,04.

948 Prix du voyage dans la seconde agence (en €) : 480 – [(480 × 6) : 100]
= 480 – 28,8 = 451,2.
Autre calcul : 480 × 0,94 = 451,2.

949 Prix de revente de sa console (en €) :
148,50 – [(148,50 × 60) : 100]
= 148,50 – 89,10 = 59,40.

950 Nouveau prix du fromage (en €) :
9,50 + [(9,50 × 2) : 100] = 9,50 + 0,19 = 9,69.

951 Nombre de candidats reçus :
(1 200 × 68) : 100 = 816.
Nombre de candidats recalés :
1 200 – 816 = 384.
100 – 68 = 32. Pourcentage d'échec : 32 %.
Vérification : 384 : 1 200 = 0,32.

952 30 cm = 0,3 m.
Distance réellement parcourue (en m) :
0,3 × 25 000 = 7 500 ; soit 7,5 km.

953 Distance réelle de Biarritz à Perpignan (en cm) : 37 × 1 000 000 = 37 000 000 ; soit 370 km.

954 Longueur réelle de la rue (en cm) : 33,6 × 2 500 = 84 000 ; soit 840 km.

955 116 cm = 1,16 m ;
Distance à parcourir (en m) :
1,16 × 50 000 = 58 000 ; soit 58 km.

956 45 km = 4 500 000 cm.
Distance Calais-Douvres sur la carte (en cm) :
4 500 000 : 100 000 = 45.
(1 cm sur la carte représente 1 km sur le terrain.)

957 Dimensions réelles du parc de la mairie (en cm) :
1,4 × 3 000 = 4 200 ; soit 42 m de long.
1,2 × 3 000 = 3 600 ; soit 36 m de large.
Dimensions réelles du marché couvert (en cm) :
0,8 × 3 000 = 2 400 ; soit 24 m de long.
0,45 × 3 000 = 1 350 ; doit 13,5 m de large.
Dimensions réelles de la rue Jean-Jaurès (en cm) :
3 × 3 000 = 9 000 ; soit 90 m de long
0,3 × 3 000 = 900 ; soit 0,9 m de large.

958 Temps pour courir le marathon :
1 h 35 min + 1 h 35 min = 2 h 70 min = 3 h 10 min.

959 Vitesse moyenne (en km/h) :
225 : 3 = 75.
Distance parcourue (en km) :
75 × 4,5 = 337,5.

960 Vitesse moyenne (en km/h) :
10 : 2,5 = 4.

Lecture de données

page 176

Problèmes

961 **a)** vrai ; **b)** vrai ; **c)** faux ; **d)** vrai ; **e)** vrai

962 **a)** Durée du jour : 8 h 27 min
Durée de la nuit : 15 h 35 min
b) Durée du jour : 8 h 28 min
Durée de la nuit : 15 h 33 min
Le soleil se lève plus tôt et se couche plus tard. Le jour rallonge.

963 Courbe annuelle des températures :

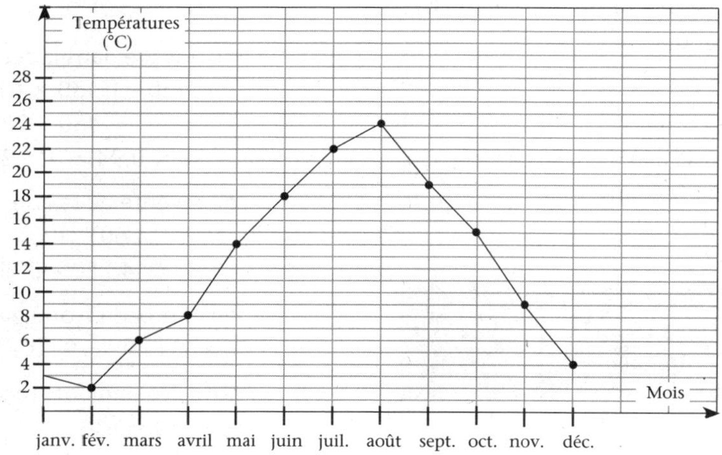

964 **a)** Montant de sa commande HT (en €) :
(2,9 × 1 000) + (5,05 × 250)
= 2 900 + 1 262,5 = 4 162,5.
Montant de la commande TTC (en €) :
4 162,5 + (4 162,5 × 0,196)
= 4 162,5 + 815,85 = 4 978,35.

b) Montant de la commande (en €) :
(4,15 × 100) + (4,15 × 100 × 0,196)
= 415 + 81,34 = 496,34.

965 **a)** vrai ; **b)** faux ; **c)** vrai ; **d)** faux ; **e)** vrai
Questions : **a)** 3,5 ; **b)** 5,5 ; **c)** À la date du 24/09 : Jade et Enzo ; **d)** Jade ; **e)** Jade

966 Nouveau prix de chacun des modèles présentés (en €) :
Triple Angle : 3 869 × 0,80 = 3 095,20
Versailles : 2 347 × 0,80 = 1 877,60
Brique : 4 317 × 0,60 = 2 590,20
Vendée : 4 650 × 0,50 = 2 325

967 **a)** Helsinki. **b)** Athènes.
c) Helsinki : 184 ;
moyenne mensuelle : 184 : 12 = 15,33.
Lisbonne : 113 ;
moyenne mensuelle : 113 : 12 = 9,41.
Athènes : 98 ; moyenne mensuelle :
98 : 12 = 8,16.

967 **d)**

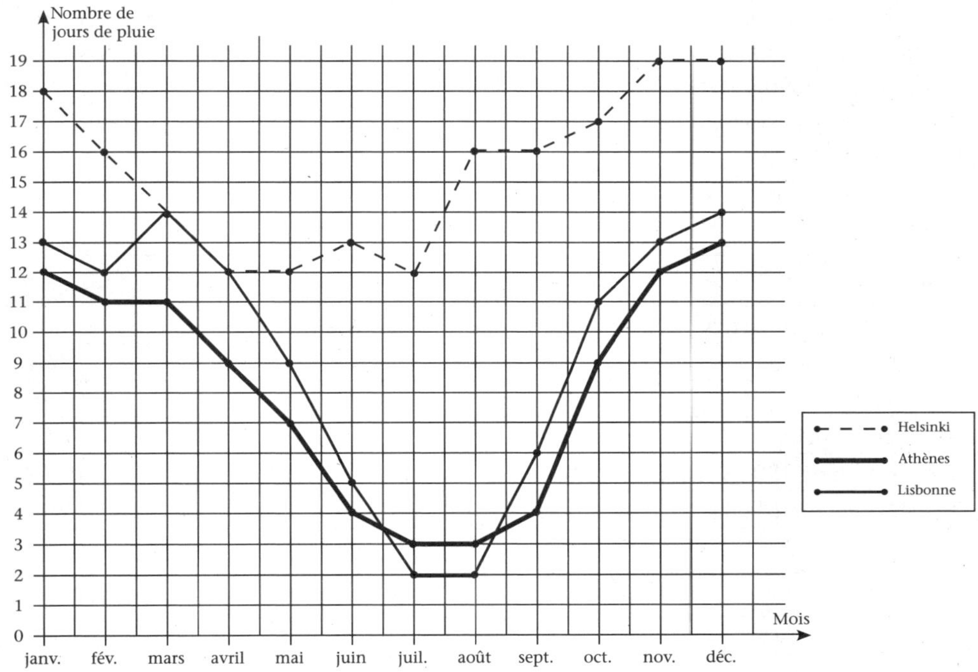

968 **a)** 5 œufs. **b)** Non.
c) 13 h 30 min – (20 min + 1 h + 30 min + 15 min) = 13 h 30 min – 2 h 05 min
= 11 h 25 min
d) Faux (à 20 %).

969 **a)** Le bus de 7 h 49. **b)** À 10 h 10.
c) À 8 h 20. **d)** À 9 h 35. **e)** À 7 h 25 ; à 9 h 46.
f) 7 h 35 à 7 h 59 : 24 min ; 7 h 59 à 9 h 25 : 1 h 26 min ; 9 h 25 à 10 h 10 : 45 min ; 10 h 10 à 11 h 30 : 1 h 20 min.

970 **a)** Type d'ouvrage qui a augmenté régulièrement : ouvrages documentaires.
Augmentation de 2005 à 2006 :
394 – 309 = 85.
Augmentation de 2006 à 2007 :
462 – 394 = 68.
Augmentation de 2007 à 2008 :
519 – 462 = 57.
Augmentation de 2008 à 2009 :
638 – 519 = 119.
Cette augmentation a été la plus faible entre 2007 et 2008.

b) Nombre total d'ouvrages dans la bibliothèque en 2005 :
36 + 309 + 317 = 662.
Nombre total d'ouvrages dans la bibliothèque en 2006 :
47 + 394 + 408 = 849.

Nombre total d'ouvrages dans la bibliothèque en 2007 :
59 + 462 + 515 = 1 036.
Nombre total d'ouvrages dans la bibliothèque en 2008 :
56 + 519 + 493 = 1 068.
Nombre total d'ouvrages dans la bibliothèque en 2009 :
67 + 638 + 618 = 1 323.
c) Courbe verte : ouvrages documentaires
Courbe bleue : romans
Courbe rose : ouvrages de référence

971 **a)** 1 148 km. **b)** 1 026 km.
c) Paris – Clermont-Ferrand.
d) Distance parcourue (en km) :
(278 + 197 + 106) × 2 = 581 × 2 = 1 162.
e) Distance totale parcourue (en km) :
309 + 197 + 323 + 163 + 249 + 250 + 329 + 106 + 269 + 88 + 117 + 130 + 308 + 140 = 2 978.

972 **a)** Prix payé par M. Gueguen (en €) :
(4,35 × 3) + (4,35 × 3) = 26,10.
Autre méthode : (4,35 × 3) × 2 = 26,10.
b) Prix payé par M. Cloarec (en €) :
11,95 × 4 = 47,80.
c) Prix payé par Mme Madec (en €) :
(7,85 × 5) × 3 = 117,75.

973

BON DE COMMANDE				
Désignation article	Référence	Quantité	Prix unitaire	Prix total
Pantalon détente	2539 A	1	38 €	38 €
Pull coton	5746 V	1	46,80 €	46,80 €
Veste sport grise	04927 B	1	71 €	71 €
Tee shirt blanc 100 % coton	0327 H	1	15,99 €	15,99 €
Tee shirt *bio* bleu Taille L	3863	1	25,90 €	25,90 €
Participation aux frais de port				2,75 €
TOTAL				200,44 €

974 **a)** Le sommet le plus élevé de la planète se trouve en Asie.

b) Différence d'altitude (en m) :
6 959 – 6 194 = 765.

c) Différence d'altitude (en m) :
5 642 – 4 808 = 834.

d) C'est la différence entre le Mont Kilimandjaro et le Mont Vinson :
5 892 – 5 140.
e) A : Everest ; B : Mont Elbrouz ;
C : Mont Aconcagua ; D : Mont Kilimandjaro ;
E : Mont Blanc ; F : Mont McKinley ;
G : Mont Vinson.

975 **1. a)** vrai ; **b)** vrai ; **c)** faux

2.

Classes	CP	CE1	CE2	CM1	CM2	
Filles	15	13	10	11	14	63
Garçons	10	13	14	16	12	65
Effectif total	25	26	24	27	26	128

Cases bleues : nombre total de filles ; nombre total de garçons ; effectif total de l'école.

976 **1. a)** vrai ; **b)** vrai ; **c)** vrai ; **d)** faux ; **e)** vrai.

2. a) Écart entre l'espérance de vie des hommes et celle des femmes (en années) :
- au Brésil : 72,3 – 65,7 = 6,6.
- en Chine : 72,7 – 69,6 = 3,1.
- aux États-Unis : 79,8 – 74,6 = 5,2.
- en France : 84,5 – 77,6 = 6,9.
- en Inde : 62 – 60,1 = 1,9.
- au Japon : 84,7 – 78 = 6,7.
- au Nigeria : 49,6 – 48 = 1,6.
- au Royaume-Uni : 80,5 – 75,8 = 4,7.

L'écart le plus important est pour la France.

b) Espérance de vie moyenne (en années) :
- au Brésil : (72,3 + 65,7) : 2 = 69.
- en Chine : (72,7 + 69,6) : 2 = 71,15.
- aux États-Unis : (79,8 + 74,6) : 2 = 77,2.
- en France : (84,5 + 77,6) : 2= 81,05.
- en Inde : (62 + 60,1) : 2 = 61,05.
- au Japon : (84,7 + 78) : 2 = 81,35.
- au Nigeria : (49,6 + 48) : 2= 48,8.
- au Royaume-Uni : (80,5 + 75,8) : 2 = 78,15.

977 Prix du voyage pour les Fontaine (en €) : 289 + 264 = 553.

978 **1. a)** vrai ; **b)** faux ; **c)** vrai ; **d)** faux ; **e)** faux

2. Océanie – Europe – Antarctique – Afrique – Amérique – Asie

3. Superficie totale des continents (en km^2) :
9 000 000 + 10 000 000 + 14 000 000 + 30 000 000 + 42 000 000 + 44 000 000 = 149 000 000.

4. Superficie totale des mers et des océans (en km^2) : 165 000 000 + 82 000 000 + 73 000 000 + 24 000 000 + 13 000 000 + 4 000 000 = 361 000 000.

5. Superficie totale de la planète (en km^2) :
149 000 000 + 361 000 000 = 510 000 000.

979 **a)** 7 h 30 min – 6 h 45 min = 45 min.
17 h 35 min – 16 h 40 min = 55 min.
19 h – 18 h 45 min = 15 min.
Total : 45 min + 55 min + 15 min = 1 h 55 min.

b) 6 h 45 min – 6 h 30 min = 15 min.
12 h – 11 h 50 min = 10 min.
14 h – 13 h = 1 h.
20 h 40 min – 20 h = 40 min.
23 h 25 min – 23 h 15 min = 10 min.
Total : 1 h + 40 min + 15 min + 10 min + 10 min = 2 h 15 min.

c) 5 × 3 = 15 min.

d) L'encyclopédie.

e) Info circulation (5 min) ; Cuisine du terroir (25 min) ; Sport-folie (30 min) ;
Un train pour l'Alaska (50 min) ; La plage et les galets (55 min) ; La Rose rouge (95 min).

980 **1.** Prix du repas de Karine (en €) :
3,90 + 8,20 + 3,80 + 3,30 = 19,20.
Hors menu (en €) :
3,80 + 5,35 + 4 + 2,75 = 15,9.
Il vaut mieux que Fabrice choisisse le menu (même en comptant le supplément chantilly de 0,75 €) car il y a une différence de (en €) :
15,9 – 14,75 = 1,15.
Montant total de la note pour le couple (en €) :
14,75 + 19,20 = 33,95.

2. Montant de la note pour la famille Briand (en €) :
(5 × 14) + 3,70 + 3,90 + 3,30 = 80,90.

981 **1.** Numéros des trains :
10 052 ; 14 400 ; 76 003.

2. Elle choisit le train n° 76 003 (1 h 11 min).

3. Thierry a mis :
19 h 25 min – 17 h 28 min
= 18 h 85 min – 17 h 28 = 1 h 57 min.

4. Steven : train n° 76 708. Durée du trajet :
7 h 53 min – 7 h 14 min = 39 min.
Temps pendant lequel il devra patienter :
10 h – 7 h 53 min
= 9 h 60 min – 7 h 53 min = 2 h 07 min.

982 **1. a)** vrai ; **b)** faux ; **c)** vrai ; **d)** faux ; **e)** vrai

2. a) Durée du trajet Tours–Bordeaux :
3 h – 1 h = 2 h.

b) Durée du trajet Avignon–Montpellier :
3 h 15 – 2 h 40 = 2 h 75 – 2 h 40
= 0 h 35 ; soit 35 minutes.

c) Durée du trajet Lyon – Valence :
2 h 15 – 1 h 55 = 1 h 75 – 1 h 55
= 0 h 20 ; soit 20 minutes.

d) Durée du trajet Avignon – Marseille :
3 h 00 – 2 h 40 = 2 h 60 – 2 h 40
= 0 h 20 ; soit 20 minutes.

983 **a)** Coût du séjour de la famille Meunier (en €) : 428 × 3 = 1 284.

b) Coût du séjour de la famille Boyer (en €) : (2 × 463) + 343 + (343 : 2) = 1 440,5.

c) Coût du séjour de la famille Lefebvre (en €) : [463 + 343 + (343 : 2)] × 2 = 1 955.

d) Chèque à envoyer pour la famille Meunier (en €) : (1 284 × 20) : 100 = 256,80.
Chèque à envoyer pour la famille Boyer (en €) : (1 440,50 × 20) : 100 = 288,10.
Chèque à envoyer pour la famille Lefebvre (en €) : (1 955 × 20) : 100 = 391.

984 Dans la première édition du livre de l'élève, remplacer dans l'énoncé caleçon par short.

Jeunesse et Loisirs					
BON DE COMMANDE					
Désignation	Référence	Taille	Quantité	Prix unitaire	Montant
Short	7525 M	4 ans	1	15 €	15 €
Gilet polaire	3002 S	4 ans	1	25 €	25 €
Surchemise	7970 U	8 ans	1	25 €	25 €
Coupe-vent	4631 L	8 ans	1	45 €	45 €
Jogging	3078 S	14 ans	1	37 €	37 €
Chaussettes	0354 V	37/40	2	5 €	10 €
Chaussettes	0894 T	42/44	2	4,90 €	9,80 €
				TOTAL	166,80 €
Frais de port (gratuit pour plus de 75 € de commande)					4,50 €
				TOTAL	166,80 €

985 **a)** Prix au numéro du magazine *Notre siècle* acheté pendant un an chez le marchand (en €) : 182 : 52 = 3,50.

b) Prix au numéro du magazine *Notre siècle* en s'abonnant pendant un an (en €) : 143 : 52 = 2,75.

c) Économie réalisée en s'abonnant pendant un an (en €) : 182 – 143 = 39.

d) Prix au numéro du magazine *Notre siècle* en s'abonnant pendant deux ans (en €) : 260 : 104 = 2,50.

e) Économie réalisée en s'abonnant pendant deux ans (en €) : 364 – 260 = 104.

986 **1. a)** vrai ; **b)** vrai ; **c)** vrai ; **d)** vrai

2. a) Augmentation du pourcentage de recyclage du verre entre 1995 et 2005 (en %) : 59,7 – 39,5 = 20,2.

b) Augmentation du pourcentage de recyclage du papier-carton entre 2000 et 2007 (en %) : 60,3 – 46,6 = 13,7.

987

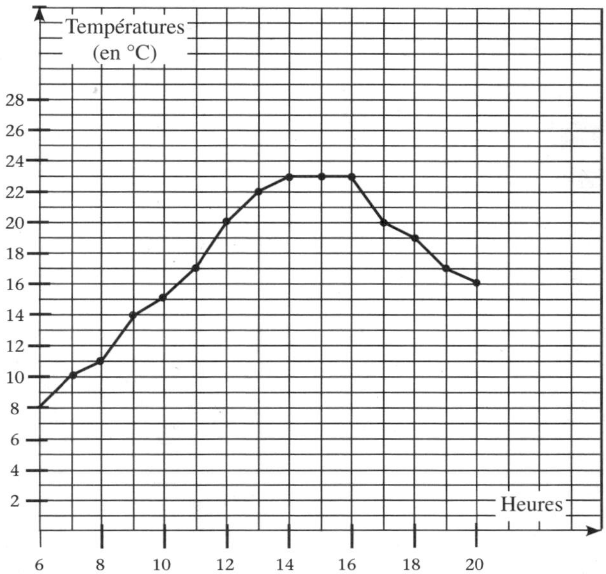

988 **1. a)** faux ; **b)** vrai ; **c)** faux

2.

Population française en 2009	
Population en France métropolitaine	62 449 000
Départements et régions d'Outre-mer (DROM)	1 855 000
Collectivités d'Outre-mer (COM)	770 000
TOTAL	65 074 000

3. Population française en 2008 (en nombre d'habitants) : 65 074 000 – 366 500 = 64 707 500.

989 **1.** Eau douce momentanément polluée :
1 406 – (642 + 692 + 4) = 68.
Mer de qualité moyenne :
1 897 – (1 364 + 77 + 4) = 452.
Mer toutes catégories :
1 387 + 526 + 53 + 0 = 1 966.
2. Le nombre vert correspond aux nombres de points de baignade en mer classés de qualité moyenne.
3. a) vrai ; **b)** faux ; **c)** vrai

990 **a)** Les marcheurs ont rendez-vous à 10 h 00 le dimanche 7 mars sur le parking de l'église de Plogoff.
b) 28 jours séparent la randonnée du 07/02 de celle du 07/03.
c) Distance parcourue par un marcheur pendant les trois sorties (en km) :
18 + 17 + 18 = 53.

991 22 133 hectares = 221 330 000 m²
a) Surface moyenne d'un incendie en 2005 (en m²) :
221 330 000 : 4 696 = 47 131,6.
b) Année la plus dramatique en nombre d'incendies de forêts : 1997.
Surface moyenne d'un incendie en 1997 (en hectares) :
21 582 : 8 005 = 2,696 ; soit 2,70.
c) Surface sinistrée de 1996 à 2005 (en hectares) :
11 400 + 21 582 + 19 600 + 15 905 + 24 026 + 20 473 + 30 160 + 73 278 + 13 710 + 22 133 = 252 267.
d) Années les plus dramatiques au niveau des surfaces sinistrées : 2003 ; 2002 ; 2000.
e) Années les plus dramatiques en nombre d'incendies de forêts : 1997 ; 2003 ; 1998.

V GÉOMÉTRIE

La symétrie

page 202

Problèmes

994

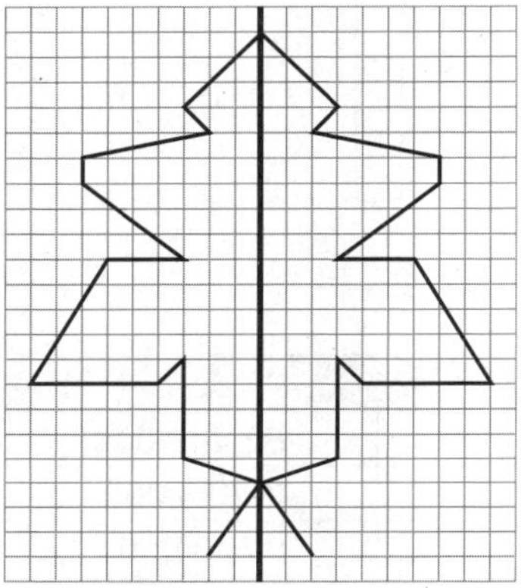

996

vert violet orange bleu

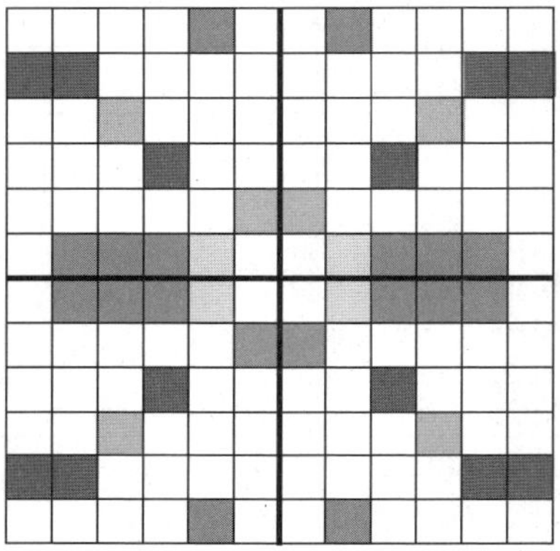

995

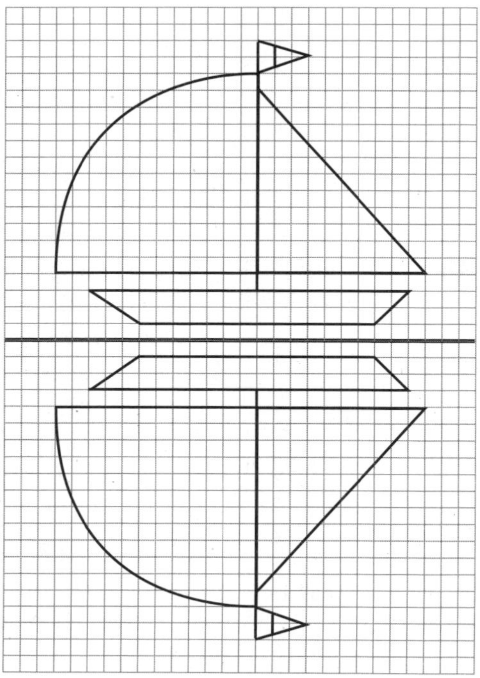

997

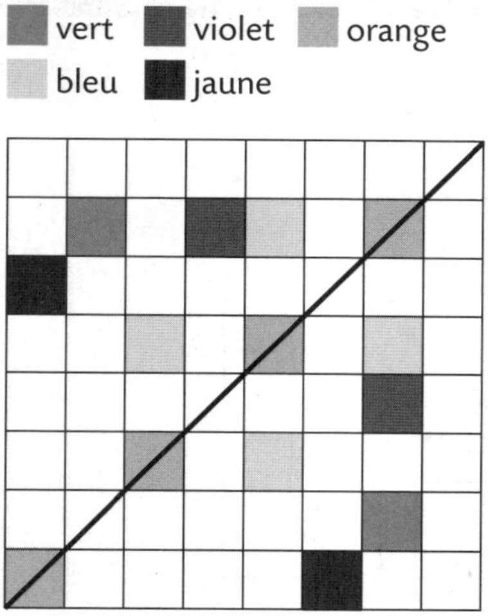

998

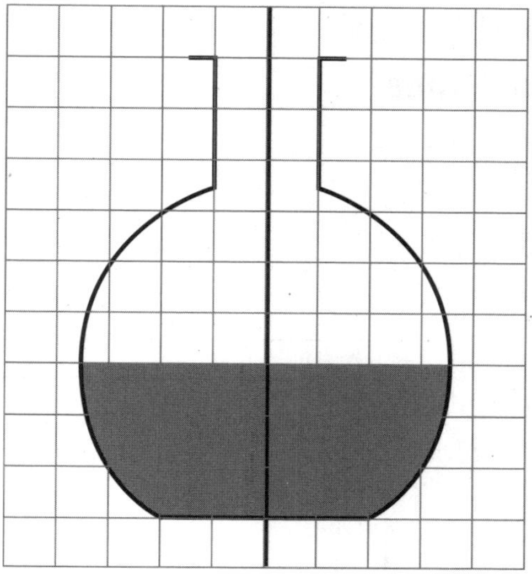

999

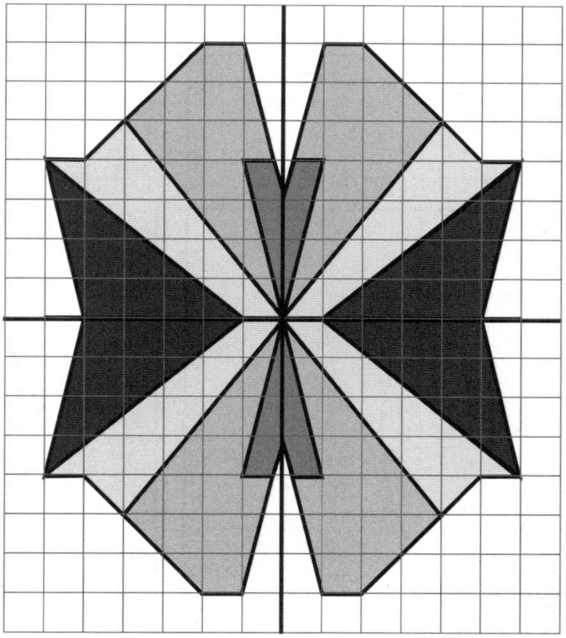

Cette figure a 2 axes de symétrie.

Reproduction et construction de figures

page 204

Problèmes

1000

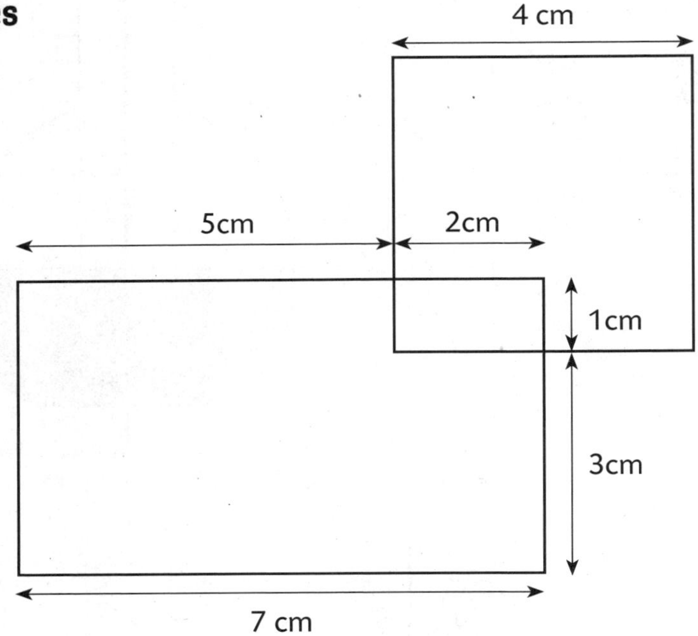

1001

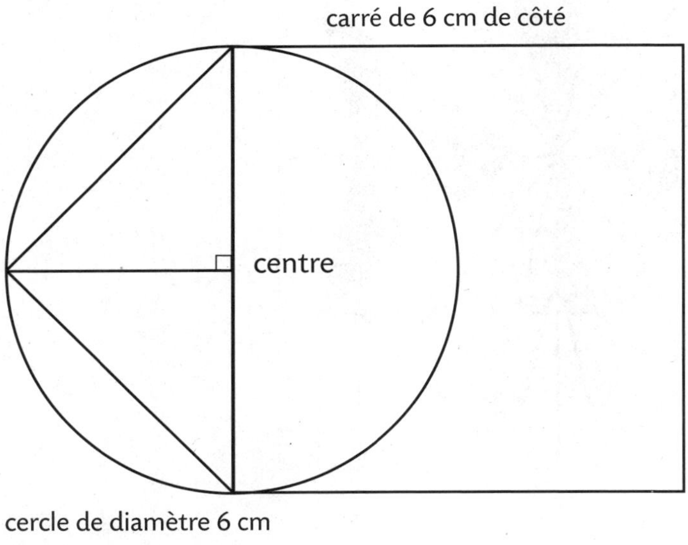

1003

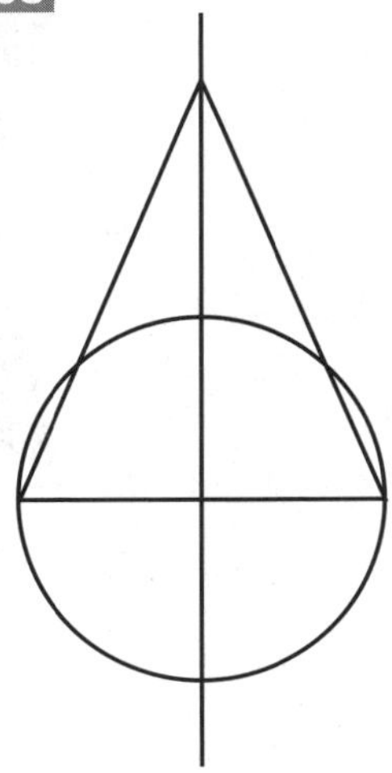

1002 Pour que la figure soit deux fois plus grande, il faut prendre les mesures de tous les segments et les multiplier par 2.

1004 La figure C correspond aux consignes.

1005

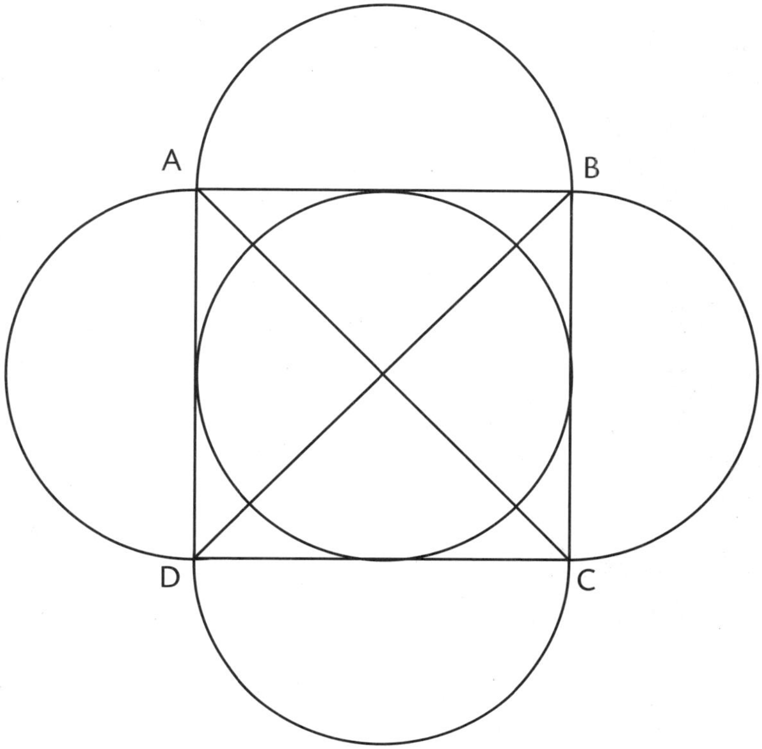

1006

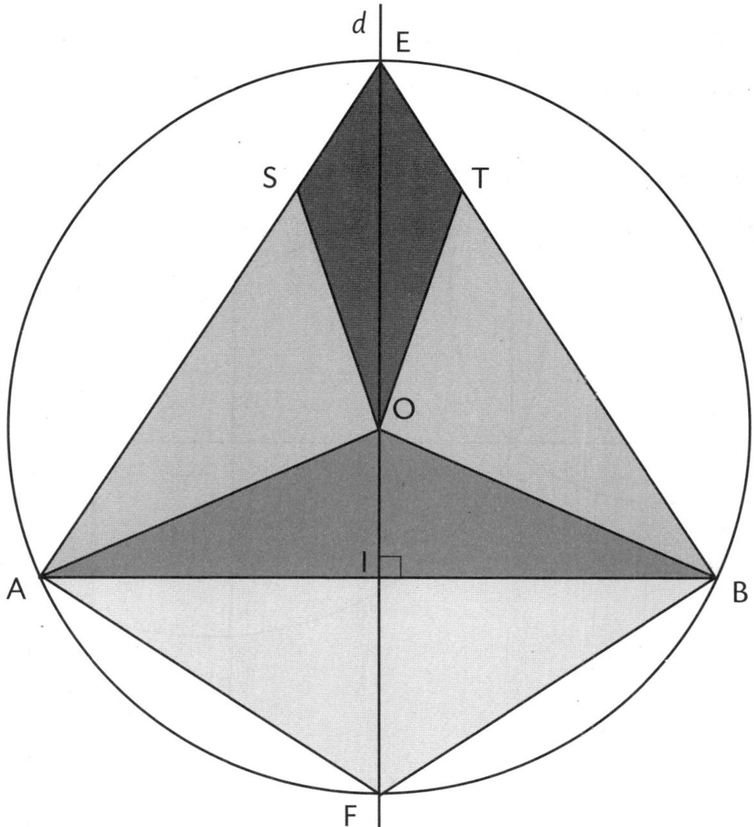

1007 La figure A correspond aux consignes.

1008

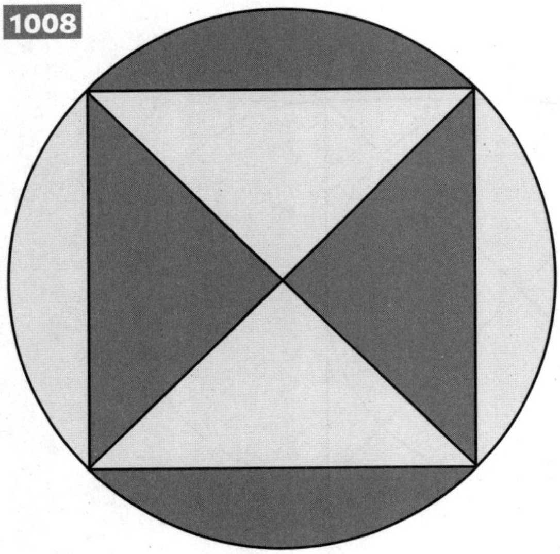

1009

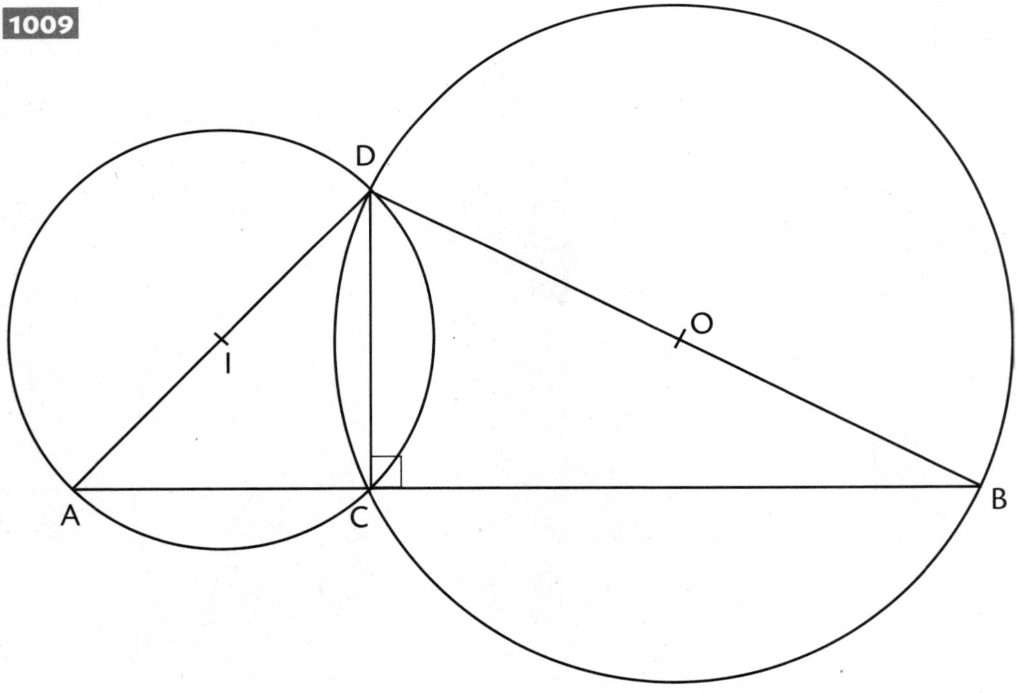

VI SYNTHÈSE GÉNÉRALE

Problèmes

page 208

1010 Six coups de ciseaux font 7 morceaux de ruban.
Longueur totale du ruban (en cm) :
40 × 7 = 280 ; soit 2,80 m.

1011 Cinq coups de couteau font six morceaux.
Prix de revient d'un morceau (en €) :
0,95 : 6 = 0,1583 ; soit 0,16.

1012 Âge d'Agathe (en années) : 8 – 3 = 5.
Âge d'Aude (en années) : 5 + 1 = 6.
Âge de Julie (en années) : 8 + 5 = 13.
Différence d'âge entre Aude et Julie (en années) : 13 – 6 = 7.

1013 Âge de mon père au moment de son mariage (en années) :
38 – 11 = 27.

Âge de ma mère au moment de son mariage (en années) : 27 – 7 = 20.

1014 Âge de Mélinda : 12 + 5 = 17.
Âge de Rachid : 12 – 3 = 9.
Âge de Lætícia : 12 + 9 = 21.

1015 Prix de revient de la journée pour chaque formule (en €) :
– avec l'hébergement : 640 : 8 = 80 ;
– sans l'hébergement : 344 : 8 = 43.
Coût de l'hébergement pour une journée (en €) : 80 – 43 = 37.

1016 Somme reçue par chaque enfant (en €) : (26 330 – 7 600) : 4 = 18 730 : 4
= 4 682,50.

1017 Nombre de voitures vendues chaque jour : 113 880 : 365 = 312.

1018 Prix d'un pain au chocolat (en €) :
[7,8 – (1,05 × 2)] : 3 = 5,7 : 3 = 1,9.

1019 Bénéfice total (en €) :
[(31 × 19) – (31 × 9)] + [(19 × 15)
– (19 × 7,45)] = 310 + 143,45 = 453,45.

1020 Nombre de paquets :
(340 × 6) : 20 = 102.

1021 Production totale d'automobiles :
(31 – 8) × (329 + 216 + 194 + 95)
= 19 182.

1022 Différence d'altitude entre le mont Everest et le mont Kilimandjaro (en m) :
8 846 – 5 892 = 2 954.
Différence d'altitude entre le mont Everest et le mont Aconcagua (en m) :
8 846 – 6 959 = 1 887.
Différence d'altitude entre le mont Kilimandjaro et le mont Aconcagua (en m) :
5 892 – 6 959 = 1 067.

1023 Montant total des achats (en €) :
69 + 53 + 28 = 150.

154 > 150, donc Florian aura assez d'argent pour tout acheter.

1024 Économie réalisée (en €) :
(3,9 × 12) – 33 = 46,8 – 33 = 13,8.

1025 Prix moyen d'un tournevis (en €) :
15,54 : 6 = 2,59.

1026 Montant total des achats (en €) :
1 335 + (386 × 2) + 724 + 172 = 3 003.
Montant d'une mensualité (en €) :
(3 003 – 607) : 8 = 2 396 : 8 = 299,5.

1027 Prix des rosiers (en €) :
326 – (14,9 + 19,85 + 64,75 + 7,6)
= 326 – 107,1 = 218,9.
Prix d'un rosier (en €) : 218,9 : 22 = 9,95.

1028 Prix total des achats (en €) :
(15 × 2,68) + (5 × 6,4) + (15 × 0,4)
+ (50 × 0,49) = 40,2 + 32 + 6 + 24,5 = 102,7.
Somme rendue (en €) :
(3 × 50) – 102,7 = 47,3.

1029 Nombre de paquets à commander :
(257 × 8) : 25 = 2 056 : 25 = 82,24 ; soit 83.
Nombre de cahiers restants :
(83 × 25) – (257 × 8) = 2 075 – 2 056 = 19.

1030 Nombre d'ouvrages lus en moyenne par abonné : 131 200 : 8 200 = 16.

1031 Nombre d'enfants nés en moyenne chaque jour : 796 896 : 365 = 2 183,27 ; soit 2 183.

1032 Nombre de cartons expédiés à :
- Marseille : 192 : 12 = 16 ;
- Vichy : 432 : 12 = 36 ;
- Lille : 108 : 12 = 9 ;
- Brest : 300 : 12 = 25.

1033 Coût total (en €) :
5,90 + 6,75 + 4 + 4,10 + 4,50 + 3,25 + 1,95 = 30,45.
Articles à choisir pour atteindre exactement 20 € :

• jeu de 3 pinces d'électricien	5,90 €
• jeu de 4 ciseaux à bois	6,75 €
• chevilles Nylon	4,10 €
• enduit à reboucher	3,25 €
TOTAL	20 €

1034 Distance moyenne parcourue par jour (en km) : 252 : 12 = 21.

1035 Quantité d'essence pour la graduation 1/4 (en L) :
(66 – 6) : 4 = 15 et 15 + 6 = 21.
Quantité d'essence pour la graduation 1/2 (en L) : 15 × 2 = 30 et 30 + 6 = 36.
Quantité d'essence pour la graduation 3/4 (en L) : 15 × 3 = 45 + 6 = 51.
Quantité d'essence pour la graduation 1 (en L) : 66.

1036 Nombre de spectateurs :
167 128 : 13 = 12 856.

1037 Somme versée (en €) :
375 : 4 = 93,75.
Somme restant à payer (en €) :
375 – 93,75 = 281,25.

1038 Coût total du carrelage (en €) :
(27 × 8) + (9 × 2,95) = 216 + 26,55 = 242,55.

1039 Masse d'un chocolat (en g) :
258 : 24 = 10,75.

1040 Année de la mort de François Ier :
1494 + 53 = 1547.
1494 + 21 = 1515.
Durée de son règne (en années) :
1547 – 1515 = 32.

1041 Année de naissance de Robespierre :
1794 – 36 = 1758.

1042 De 18 h 30 à 22 h 30, il y a 4 heures.
Hauteur de cire consommée en 4 h (en cm) :
25 – 15 = 10.
Hauteur de cire consommée en une heure (en cm) : 10 : 4 = 2,5.

1043 Heure d'arrivée à Cayenne à :
(12 h 40 + 9 h 10) – 4 = 21 h 50 – 4 = 17 h 50 min.

1044 Durée des vacances :
11 + 10 = 21 jours ; soit 3 semaines (21 : 7).

1045 Temps de trajet (en min) :
8 h 08 – 7 h 54 = 14.

1046 24 h – 21 h 17 min
= 23 h 60 min – 21 h 17 min = 2 h 43 min.
Durée du séjour sur la Lune :
2 h 43 min + 18 h 54 min = 20 h 97 min.
= 21 h 37 min.

1047 Heure à laquelle le film a commencé :
22 h 55 – 1 h 50 = 21 h 05 min.
Heure à laquelle il se couche :
22 h 55 + 0 h 15 = 22 h 70 min
= 23 h 10 min.

1048 De 10 h à 12 h = 2 h et de 14 h à 19 h = 5 h.
Durée d'ouverture du lundi au vendredi (en h) :
(2 + 5) × 5 = 35.
Le samedi : 4 h
Durée d'ouverture hebdomadaire (en h) :
35 + 4 = 39.

1049 Durée hebdomadaire consacrée à l'informatique :
(11 h 20 min – 10 h 15 min)
+ (14 h 45 min – 13 h 30 min)
= 1 h 05 min + 1 h 15 min = 2 h 20 min.

1050 Durée de l'émission (en min) :
21 h 30 – 20 h 35 = 55.
Nombre d'épisodes qu'il est possible d'enregistrer : 110 : 55 = 2.

1051 Quelle est l'épaisseur d'un livre ? Épaisseur d'un livre (en cm) :
28,8 : 32 = 0,9.

1052 Masse des colis (en kg) :
6,4 × 5 = 32.
Masse transportée (en t) :
1,95 – 1,35 = 0,6 t ; soit 600 kg.
Masse d'une caisse (en kg) :
(600 – 32) : 16 = 35,5.

1053 Masse totale de la camionnette (en kg) :
1 650 + (12 × 155) = 1 650 + 1 860
= 3 510 ; soit 3,51 t.
Elle ne pourra donc pas emprunter le pont.

1054 Nombre de bouteilles nécessaires :
1,5 : 0,25 = 6.

1055 Capacité du baril (en L) :
42 × 3,785 = 158,97.

1056 Consommation d'eau journalière (en L) : 29 000 : 365 = 80 (au litre près par excès).

1057 Nombre de pommiers qu'on pourra planter :
(80,5 × 46) : 25 = 3 703 : 25 = 148 (à l'unité près par défaut).

1058 1,292 ha = 12 920 m^2.
Aire de la seconde parcelle (en m^2) :
12 920 – 6 423 = 6 497.
Différence d'aire (en m^2) :
6 497 – 6 423 = 74.

1059 Superficie de la cour du musée :
112,5 × 112,5 = 12 656,25 m^2 ;
soit 1,265625 ha.

1060 Superficie du palais impérial (en m^2) :
960 × 750 = 720 000 ; soit 72 ha.

1061 Aire du fanion (en cm^2) :
(23,5 × 15) : 2 = 176,25.

1062 Périmètre du tilleul (en m) :
(2 × 2) × 3,14 = 12,56.

1063 Prix du rôti (en €) :
1,7 × 13 = 22,1.

1064 Masse de pommes achetées (en kg) :
7,2 : 2 = 3,6.
Somme à payer par la 1re personne (en €) :
0,5 × 2 = 1.
Somme à payer par 2e personne (en €) :
2,5 × 2 = 5.

1065 Quantité de café vendue en un an (en t) : (5 × 12 000) : 1 000
= 60 000 : 1 000 = 60.

1066 Somme payée par monsieur et madame Bernard (en €) : 2 × (75 : 10) = 15.
Somme payée par la famille Henry (en €) :
7,5 × 8 = 60.

1067 Superficie représentée par les océans (en millions de km^2) :
510 × 0,71 = 362,1.
Superficie représentée par les terres émergées (en millions de km^2) :
510 – 362,1 = 147,9.

1068 Altitude descendue sur 500 m (en m) :
500 × 0,08 = 40.
Altitude descendue sur 800 m (en m) :
800 × 0,08 = 64.
Altitude descendue sur 2 000 m (en m) :
2 000 × 0,08 = 160.

1069 Nombre de candidats qui ont échoué :
250 – (250 × 0,54) = 115.

1070 Économie réalisée (en €) :
89 × 0,25 = 22,25.
Prix du billet (en €) : 89 – 22,25 = 66,75.

1071 Dépense totale (en €) :
17 629 + 133 + 219 + [175 – (175 × 0,2)]
= 18 121.

1072 Pourcentage que représente son budget « cadeaux » :
100 – (5 + 27 + 26 + 27) = 15.
Dépense en livres (en €) : 40 × 0,27 = 10,8.
Dépense en sucreries (en €) : 40 × 0,05 = 2.

1073 Nombre de personnes parlant le français : 7 750 500 x 0,8 = 6 200 400.

1074 Nombre de résidences principales :
33 000 000 x 0,84 = 27 720 000.
Nombre de résidences secondaires :
33 000 000 × 0,1 = 3 300 000.
Nombre de logements vacants :
33 000 000 x 0,06 = 1 980 000.

1075 Nombre d'arbres achetés :
(5 000 × 30) : 100 = 1 500.
Nombre d'arbres replantés :
(1 500 × 25) : 100 = 375.

1076 Masse de la viande contenue dans ce plat (en g) : (300 × 25) : 100 = 75.

1077 Distance réelle Le Mans-Rennes (en cm) :
14 × 1 000 000 = 14 000 000 ; soit 140 km.
Distance réelle Rennes-Brest (en cm):
21 × 1 000 000 = 21 000 000 ; soit 210 km.

1078 Dimensions réelles (en m) :
longueur : 5 × 20 = 100 ;
largeur : 3 × 20 = 60.
Superficie au sol (en m^2) :
100 × 60 = 6 000.

1079 Distance représentée sur le terrain (en cm) : 6,5 × 4 000 000 = 26 000 000 ; soit 260 km.

1080 Distance moyenne parcourue chaque jour (en km) : 40 000 : 80 = 500.

1081 Vitesse de la fusée (en km/min) :
39 600 : 60 = 660.
Vitesse de la fusée (en km/s) :
660 : 60 = 11.

1082 Vitesse du son (en km/h) :
(330 × 3 600) : 1 000 = 1 188 000 : 1 000
= 1 188.

1083 Durée du voyage (en h) :
(24 × 6) + (24 : 2) = 156.
Longueur approximative de la voie ferrée (en km) : 60 × 156 = 9 360.

1084 Voir schéma en bas de page.

1085 27 minutes 35 secondes
= (27 × 60) + 35= 1 620 + 35
= 1 655 secondes
Distance parcourue en 1 seconde (en m) :
10 000 : 1 655 = 6,04 (par défaut).

1086 **1. a)** faux ; **b)** vrai ; **c)** faux ; **d)** vrai.
2. Moyenne de Mattéo :
(3 + 6 + 6,5 + 7 + 5 + 6) : 6 = 33,5 : 6 = 5,58.
Moyenne de Camille :
(4 + 1 + 3,5 + 4,5 + 5,5 + 4) : 6 = 22,5 : 6
= 3,75.
Moyenne de Romane :
(7,5 + 8 + 6 + 7 + 8 + 6,5) : 6 = 43 : 6 = 7,16.

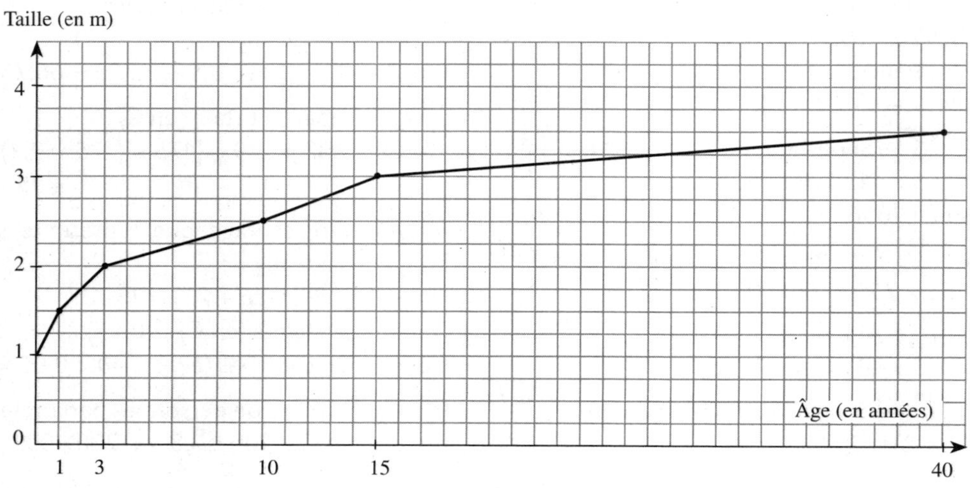

1087 **1. a)** vrai ; **b)** vrai.
2. Différence de taille entre 1 an et 20 ans pour les hommes (en cm) : 175 − 50 = 125.
Différence de taille entre 1 an et 20 ans pour les femmes (en cm) : 165 − 50 = 115.

1088 **1. a)** vrai ; **b)** vrai ; **c)** faux (juillet) ; **d)** faux (Dakar) ; **e)** faux (Le Caire)
2. Bruxelles : 193. Le Caire : 11. Calcutta : 84. Mexico : 149. Dakar : 55. Vienne : 93.
3. Voir schéma en bas de page.

1089 Nombre de personnes représentées :
pour : (500 × 27) : 100 = 135 ;
contre : (500 × 48) : 100 = 240 ;
sans opinion : (500 × 25) : 100 = 125.
Vérification : 135 + 240 + 125 = 500.

1090 **a)** vrai ; **b)** vrai ; **c)** vrai ; **d)** faux ; **e)** faux

1091 Prix de revient de la remise en état de la cuisine (en €) :
(5 × 11,40) + 4,53 + 11,82
= 57 + 4,53 + 11,82 = 73,35.
Économie réalisée (en €) :
489 − 73,35 = 415,65.

1092 Prix d'achat d'une blouse (en €) :
545,70 : 85 = 6,42.
Il a payé en tout (en €) :
(17 × 6,42) + 545,70 = 109,14 + 545,70
= 654,84.

Prix de vente d'une blouse (en €) :
(654,84 + 731,41) : (85 + 17)
= 1 386,25 : 102 = 13,59.

1093 Dépense de Raphaël (en €) :
(0,60 × 17) + (2,5 × 1,20) = 10,2 + 3 = 13,2.
On lui rendra (en €) : 50 − 13,2 = 36,8.

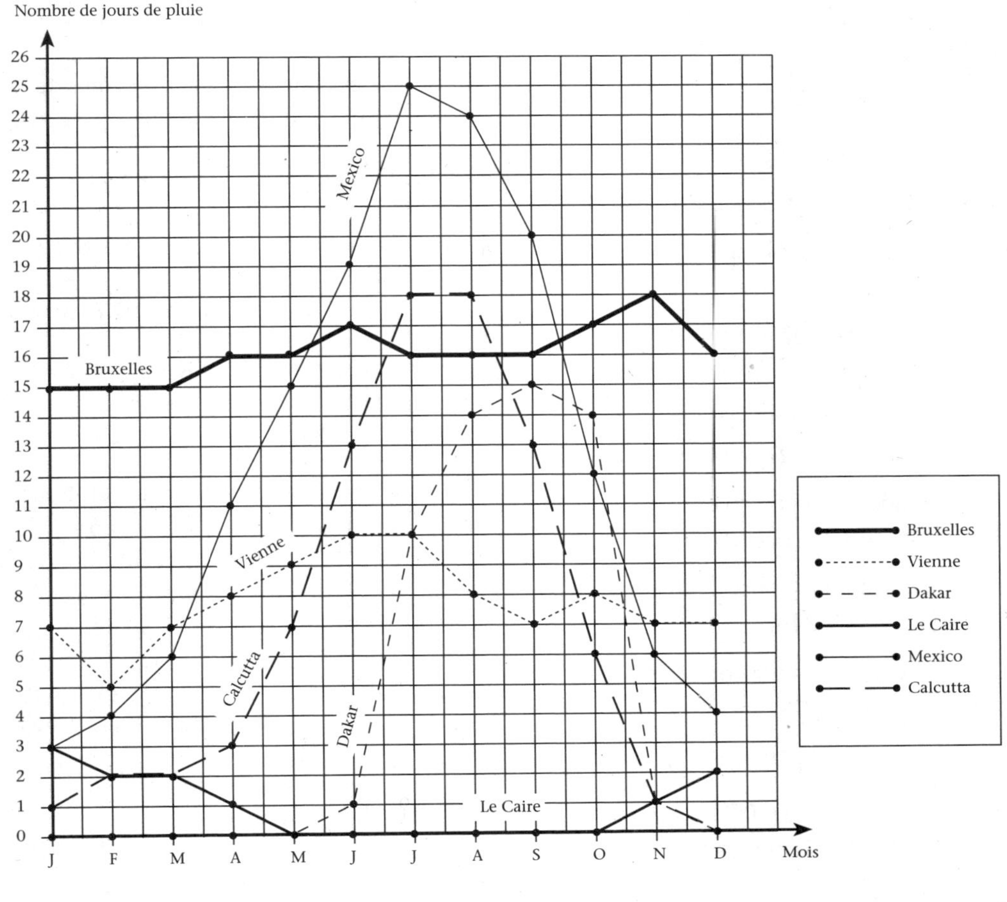

1094 3 ampoules à 2 € pièce 6,00 €
5 m de câble à 1,88 € le mètre 9,40 €
7 m de câble à 1,70 € le mètre 11,90 €
2 appliques à 29,95 € pièce 59,90 €
87,20 €
Remise 5 % 4,36 €
Prix net 82,84 €

1095 Prix des maillots (en €) :
15 × 5,80 = 87.
Coût total réel (en €) : 115,5 × 2 = 231.
Prix d'un ballon (en €) : (231 – 87) : 12 = 12.

1096 Dépense de Mme Mercier (en €) :
2,75 × 18 = 49,50.
Prix d'une bobine de fil (en €) :
15,84 : 12 = 1,32.

1097 Théo verse (en €) : $\frac{1}{4} \times 35 = 8{,}75$.
Gaëtan verse (en €) : $\frac{2}{5} \times 35 = 14$.
Constance verse (en €) : 35 – (8,75 + 14) = 12,25.

1098 Masse des fruits dénoyautés (en kg) :
$12 \times \frac{5}{6} = 10$.
Masse du sucre (en kg) : $10 \times \frac{2}{5} = 4$.
Masse des fruits sucrés (en kg) : 10 + 4 = 14.
Masse de confiture obtenue (en kg) :
$14 \times \frac{3}{4} = 10{,}5$.
Perte pendant la cuisson (en kg) :
14 – 10,5 = 3,5.

1099 Masse de fruits vendus (en kg) :
$(420 \times 65) \times \frac{3}{5} = 27\,300 \times \frac{3}{5} = 16\,380$.
Somme rapportée par la vente de la récolte (en €) : 16 380 × 1,30 = 21 294.

1100 Somme versée à la commande (en €) :
$12\,901 \times \frac{1}{7} = 1\,843$.
Somme versée à la livraison (en €) :
$12\,901 \times \frac{2}{7} = 3\,686$.
Somme restante à payer (en €) :
$12\,901 \times \frac{4}{7} = 7\,372$.
Montant d'une mensualité (en €) :
7 372 : 16 = 460,75.

1101 Distance parcourue (en km) :
180 : 5 = 36.
$\frac{3}{5} - \frac{1}{5} = \frac{2}{5}$.
Distance parcourue entre les deux arrêts (en km) : $180 \times \frac{2}{5} = 72$.
Distance parcourue entre les deux arrêts (en km) : 36 + 72 = 108.
Temps pendant lequel ils ont roulé :
12 h 50 min – 8 h 20 min = 4 h 30 min ; soit 4,5 h.
Vitesse horaire (en km) : 108 : 4,5 = 24.

1102 Nombre de concurrents après la première épreuve :
$322 - (322 \times \frac{2}{7}) = 322 - 92 = 230$.
Nombre de concurrents après la deuxième épreuve : $230 - (230 \times \frac{2}{5}) = 230 - 92 = 138$.
Nombre de concurrents au terme de la course : $138 - (138 \times \frac{1}{6}) = 138 - 23 = 115$.
Distance totale parcourue (en km) :
1,5 + 90 + 20,5 = 112.
Le vainqueur a franchi la ligne d'arrivée à :
8 h 05 min + 3 h 57 min 48 s
= 12 h 02 min 48 s.

1103 4 h 28 min = 16 080 s
Durée moyenne d'un set (en s) :
16 080 : 5 = 3 216 ; soit 53 min 36 s.

1104 Temps nécessaire pour emboutir 250 ailes (en s) : (250 : 2) × 5 = 625 ;
ou (5 : 2) × 250 = 625 ; soit 10 min 25 s.
1 h 30 min = 90 min ; 1 min = 12 × 5 s.
Nombre d'ailes pressées en 1 h 30 min :
(90 × 12) × 2 = 2 160.
Autre calcul : en 1 h : (3 600 : 5) × 2 = 1 440 ;
en 1 h 30 min = 1,5 h, 1 440 × 1,5 = 2 160.

1105 1,42 m = 1 420 mm.
Longueur du pied (en mm) :
[(1 420 – (4 × 27)] : 4 = 1 312 : 4 = 328 ;
soit 32,8 cm.

1106 **1.** Heure d'arrivée du vainqueur :
10 h 30 min + 2 h 23 min 57 s
= 12 h 53 min 57 s.

2. Temps séparant le 1er du 2e :
2 h 24 min 38 s – 2 h 23 min 57 s
= 2 h 23 min 98 s – 2 h 23 min 57 s = 41 s.

Temps séparant le 1er du 3e :
2 h 25 min – 2 h 23 min 57 s
= 2 h 24 min 60 s – 2 h 23 min 57 s
= 1 min 3 s.

Temps séparant le 2e du 3e :
2 h 25 min – 2 h 24 min 38 s
= 2 h 24 min 60 s – 2 h 24 min 38 s
= 22 s.

Temps séparant le 1er du 8e :
2 h 30 min 59 s – 2 h 23 min 57 s
= 7 min 2 s.

3. Temps additionnés des différentes équipes :

- AS Triel Sports :
2 h 23 min 57 s + 2 h 30 min 12 s
= 4 h 53 min 69 s = 4 h 54 min 9 s.
- Vélo club Moncy :
2 h 24 min 38 s + 2 h 27 min 36 s
= 4 h 51 min 74 s = 4 h 52 min 14 s.
- AS Vasipoupou :
2 h 25 min + 2 h 27 min 4 s = 4 h 52 min 4 s.
- Club Cardri :
2 h 30 min 56 s + 2 h 30 min 59 s
= 4 h 60 min 115 s = 5 h 1 min 55 s.

C'est l'équipe AS Vasipoupou qui a remporté ce classement.

1107 Somme de leur poids (en q) :
24,8 + 53,9 + 0,31 + 9,52 = 88,53.
Tous les animaux ne peuvent pas embarquer ensemble car ils dépassent la charge autorisée de 8,53 quintaux
(88,53 – 80 = 8,53).

1108 Quantité d'eau perdue en une heure (en L) : 1 000 000 : (365 × 24) → 114
(au L près par défaut).

1109 Temps qu'il faudra pour remplir le bac (en min) : (12 × 1 400) : 140 = 120 ;
soit 2 heures.

1110 33 L = 3 300 cL.
Nombre de bouteilles pleines obtenues :
3 300 : 75 = 44.
Prix de revient d'une bouteille (en €) :
127,60 : 44 = 2,9.

1111 Volume du réfrigérateur (en cm^3) :
84 × 56 × 50 = 235 200.

1112 4,80 m = 480 cm.
Nombre de dalles sur un côté :
480 : 40 = 12.
Nombre total de dalles : 12 × 12 = 144.
Coût du dallage (en €) : 144 × 6,50 = 936.

1113 Largeur de la nappe (en m) :
2,16 : 1,80 = 1,20.
Perte de tissu (en m^2) :
5 – (2,16 + 2,04) = 5 – 4,20 = 0,80.
Aire d'une serviette (en m^2) :
2,04 : 12 = 0,17 ; soit 17 cm^2.
Longueur d'une serviette (en m) :
0,17 : 0,40 = 0,425 ; soit 42,5 cm.

1114 Prix au mètre carré du terrain A (en €) :
55 986 : (12,4 × 35) = 55 986 : 434 = 129.
Prix du terrain B (en €) :
(45 × 22) × 129 = 990 × 129 = 127 710.

1115

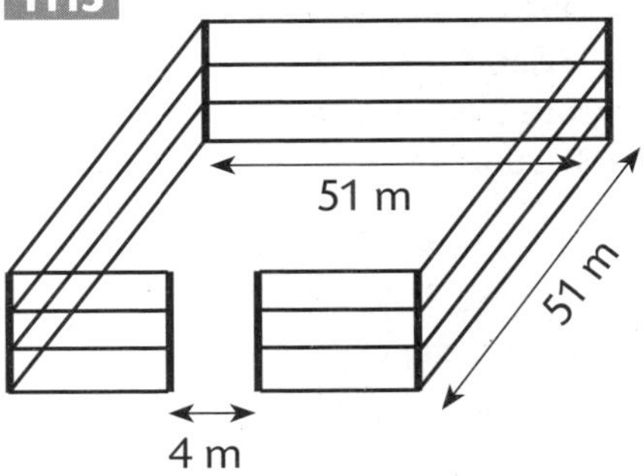

Longueur totale du fil de fer barbelé (en m) :
[(51 × 4) × 4] – (4 × 4) = 816 – 16 = 800.
Nombre de rouleaux qu'il faut acheter :
800 : 100 = 8.

1116 Aire de A (en cm^2) : 5 × (1 × 1) = 5.
Aire de B (en cm^2) : 1,5 × 3,5 = 5,25.
C'est la figure B qui a la plus grande aire.

1117 Périmètre du terrain (en m) :
(426 : 3) + 4 = 142 + 4 = 146.
Longueur du terrain (en m) :
146 – (32 × 2) : 2 = 41.
Aire du terrain (en m²) : 41 × 32 = 1 312.

1118 Longueur du muret (en m) :
(3,10 × 2) × 3,14 = 19,47 (au cm près par excès).
1 h 45 min = 1,75 h.
Longueur du muret posé en une heure (en m) :
4 : 1,75 = 2,28 (au cm près par défaut).
Temps nécessaire pour maçonner le muret (en h) : 19,47 : 2,28 = 8,53 ;
soit entre 8 h et 9 h.

1119 Aire du terrain (en m²) :
120 × 80 = 9 600.
Aire des allées (en m²) :
(120 × 1) + [(80 – 1) × 1] = 120 + 79 = 199.
Aire de chaque parcelle (en m²) :
(9 600 – 199) : 4 = 9 401 : 4 = 2 350,25.

1120 Aire du terrain A (en m²) :
35 × 75 = 2 625.
Aire du terrain B (en m²) : 35 × 35 = 1 225.
Aire de la parcelle vendue (en m²) :
(25 × 35) : 2 = 437,50.
Nouvelle aire du terrain A (en m²) :
2 625 – 437,50 = 2 187,50.
Nouvelle aire du terrain B (en m²) :
1 225 + 437,50 = 1 662,50.
Prix de vente d'un mètre carré (en €) :
7 875 : 437,50 = 18.

1121 Saloua et ses deux frères devraient payer (en €) : (42,5 : 5) × 3 = 8,5 × 3 = 25,5.
Montant de leur dépense (en €) :
25,5 – (8,5 × 0,20) = 25,5 – 1,7 = 23,8.

1122 Longueur de la clôture (en m) :
[(126 + 48) × 2] – 5 = 343.
Aire du potager (en m²) : 24 × 18 = 432.
Aire de la maison et du garage (en m²) :
(24 + 11) × 17 = 595.
Aire de l'allée (en m²) : 20 × 5 = 100.
Aire de la pelouse (en m²) :
(126 × 48) – (432 + 595 + 100)
= 6 048 – 1 127 = 4 921.

1123 Volume de la production (en L) :
(64 000 × 60) : 100 = 38 400.
Nombre de bouteilles pleines obtenues :
38 400 : 0,75 = 51 200.
Somme rapportée par la vente (en €) :

$(51\ 200 \times \frac{2}{5}) \times 1{,}35 = 27\ 648.$

1124 Prix de revient du séjour (en €) :
[36 × (24 + 3)] × 10 = 9 720.
Somme versée par famille pour un enfant (en €) : (36 × 10) × 0,40 = 144.
Participation de la commune par enfant (en €) : (36 × 10) – 144 = 216.
Autre méthode : (36 × 10) × 0,60 = 216.

1125 Prix de vente d'un des 25 appartements (en €) :
3 625 000 : 25 = 145 000.
Prix de vente de l'ensemble des appartements (en €) :
(14 × 129 900) + [129 900 – (129 900 × 0,12)]
+ 3 625 000 = 1 818 600 + 114 312
+ 3 625 000 = 5 557 912.

1126 Durée du séjour :
- du 20 juillet au 31 juillet : 12 jours
- du 1er au 3 août : 3 jours ;

soit 15 jours au total.
Coût du séjour (en €) :
[(38 × 15) × 2] + [(25 × 15) × 2] = 1 140 + 750
= 1 890.
Somme restant à la charge de la famille Normand :
1 890 – (1 890 × 0,25) = 1 890 – 472,5 = 1 417,5.

1127 Nombre d'entrées pour :
- vendredi : 337 – 225 = 112 ;
- dimanche : 337 + 149 = 486 ;
- lundi, mercredi et jeudi :

1 128 – (486 + 112 + 337) = 1 128 – 935
= 193.
Moyenne des entrées journalières :
1 128 : 6 = 188.
Recette hebdomadaire :
[(1 128 × 0,75) × (8,6 : 2)]
+ [(1 128 × 0,25) × 8,6]
= 3 637,8 + 2 425,2 = 6 063.

1128 On peut calculer le montant des versements.
Montant du 1er versement (en €) :
2 670 × 0,7 = 1 869.
Montant du 2e versement (en €) :
2 670 – 1 869 = 801.

1129 Montant total des recettes (en €) :
165 + 190 + 505 = 860.
Somme allouée au voyage (en €) :
[860 × (100 – 15)] : 100 = 731.

1130 Nombre d'équipes classées :
240 – (240 × 0,1) = 216.
Nombre d'équipes féminines classées sans pénalité : $(216 : 4) \times \frac{1}{3} = 18$.

1131 Quantité de pêches à utiliser (en g) :
(300 × 1 000) : 400 = 750.
Quantité de sucre à utiliser (en g) :
(300 × 1 500) : 400 = 1 125.
Nombre de pots de confiture :
(750 + 300 + 1 125)
– [(750 + 300 + 1 125) × 0,12]
= 2 175 – 261= 1 914 et 1 914 : 350 = 5,47 ; soit 5.

1132 Charge maximale d'un wagon (en t) :
60 – 10 = 50.
Charge effective (en t) : 50 × 0,75 = 37,5.
Masse totale d'un wagon (en t) :
10 + 37,5 = 47,5.
Masse totale du train (en t) :
(47,5 × 14) + 33 = 665 + 33 = 698.

1133 Aire du terrain (en m²) :
210 × 48,60 = 10 206.
Prix du terrain (en €) : 10 206 × 26 = 265 356.
Coût total du terrain (en €) :
(265 356 × 1,05) + 38 250
= 278 623,8 + 38 250 = 316 873,8.
Nombre de lots vendus : 10 206 : 729 = 14.
Prix de vente d'un lot (en €) :
(316 873,8 + 150 000) : 14 = 33 349 (à l'euro près par défaut).

1134 Production pour cette année (en L) :
3 000 + (3 500 × 0,75) = 3 000 + 2 625 = 5 625.
5 625 L = 562 500 cL
Nombre de bouteilles conditionnées :
$(562\,500 \times \frac{2}{3}) : 75 = 5\,000$ L
Nombre de cartons : 5 000 : 12 = 416 (à l'unité près par défaut).
Montant de la vente de sa production annuelle (en €) :
5 250 + (43,20 × 416) = 5 250 + 17 971,2
= 23 221,2.
Prix de la bouteille (en €) : 43,20 : 12 = 3,6.
Quantité vendue en cubitainers (en L) :
5 625 – 3 750 = 1 875.
Prix au litre du vin en cubitainer (en €) :
5 250 : 1 875 = 2,8.
Prix de 75 cL en cubitainer (en €) :
2,8 × 0,75 = 2,1.
Différence de prix entre une bouteille et 0,75 cL en cubitainer (en €) :
3,6 – 2,1 = 1,5.

1135 Superficie du champ (en m²) :
76 × 54 = 4 104.
Prix de revient du champ (en €) :
(4 104 × 19 × 1,12) = 87 333,12.

1136 Aire du terrain (en m²) :
36 × 36 = 1 296.
Prix du terrain (en €) : 1 296 × 27 = 34 992.
Paiement au comptant (en €) :
$34\,992 \times \frac{2}{5} = 13\,996{,}8$.
Paiement différé (en €) :
(34 992 – 13 996,8) × 1,1 = 23 094,72.
Coût total du terrain (en €) :
23 094,72 + 13 996,8 = 37 091,52 €
Nombre de garages : 408 : 17 = 24.
Somme perçue chaque mois (en €) :
127 × 24 = 3 048.
Nombre de mois au bout desquels il fera un bénéfice : 37 091,52 : 3 048 = 12,169 ;
soit au bout d'un an.

1137 500 cm = 5 m.
Dimensions réelles du terrain (en m) :
4,9 × 5 = 24,50 ; 3,6 × 5 = 18.
Dimensions réelles de la maison avec sa terrasse (en m) : 2 × 5 = 10 ; 1,6 × 5 = 8.
On décompose la maison en deux rectangles.
Dimensions réelles de la maison (en m) :
(2 – 0,32) × 5 = 8,4 ; (1,6 – 0,32) × 5 = 6,40 ;
0,5 × 5 = 2,5 ; 0,32 × 5 = 1,60.

Aire réelle du terrain (en m^2) :
$24{,}50 \times 18 = 441$.
Aire réelle de la maison avec sa terrasse (en m^2) : $10 \times 8 = 80$.
Aire de la surface engazonnée (en m^2) :
$441 - 80 = 361$.
Aire de la surface habitable (en m^2) :
$(8{,}4 \times 6{,}4) + (2{,}5 \times 1{,}60) = 53{,}76 + 4 = 57{,}76$.

1138 Dimensions réelles du parc (en cm) :
$12 \times 2\,500 = 30\,000$; soit 300 m ;
$6{,}8 \times 2\,500 = 17\,000$; soit 170 m.
Superficie (en m^2) : $300 \times 170 = 51\,000$; soit 5,10 ha.
Aire engazonnée (en ha) : $5{,}10 - 0{,}33 = 4{,}77$.

1139 1 000 000 cm = 10 000 m = 10 km.
Distance à vol d'oiseau de Bastia à Ajaccio (en km) : $10{,}4 \times 10 = 104$.
La distance par la route est plus longue que la distance à vol d'oiseau de (en km) :
$153 - 104 = 49$.

1140 1 000 000 cm = 10 000 m = 10 km.
Distance à vol d'oiseau de Coutances à Cherbourg : $5 \times 10 = 50$.
Plus courte distance par la route (en km) :
$21 + 8 + 26 + 20 = 75$.
La distance à vol d'oiseau est plus courte que la distance par la route de (en km) :
$75 - 50 = 25$.
Parcours du livreur :
Saint-Lô – Carentan – Cherbourg –
La Haye-du-Puits – Coutances – Saint-Lô.
Distance totale parcourue (en km) :
$28 + 50 + 58 + 29 + 27 = 192$.

1141 500 cm = 50 m.
Aire de la parcelle carrée (en m^2) :
$200 \times 200 = 40\,000$.
Dimension de la petite parcelle rectangulaire (en m) : $1{,}5 \times 50 = 75$; $5 \times 50 = 250$
Longueur d'un côté de la parcelle carrée (en m) : $4 \times 50 = 200$
Aire de la petite parcelle rectangulaire (en m^2) :
$75 \times 250 = 18\,750$.
Dimension de la grande parcelle rectangulaire (en m) : $2{,}5 \times 50 = 125$; $5 \times 50 = 250$
Aire de la grande parcelle rectangulaire (en m^2) : $125 \times 250 = 31\,250$.
Dimension du grand terrain (en m) :
$9 \times 50 = 450$; $4 \times 50 = 200$
Aire du grand terrain : $200 \times 450 = 90\,000$.
Vérification :
$40\,000 + 18\,750 + 31\,250 = 90\,000$.

1142 Temps nécessaire pour parcourir 1 500 km (en h) : $1\,500 : 750 = 2$.
Distance parcourue en 5 heures (en km) :
$750 \times 5 = 3\,750$.
Distance parcourue en 1 h 30 min (en km) :
$750 \times 1{,}5 = 1\,125$.

1143 2 h 30 min = 2,5 h.
Il devra encore rouler pendant (en h et min) :
$(2{,}5 \times 126) : 180 = 1{,}75$; soit 1 h 45 min.

1144 Prix du mètre carré des différentes références (en €) :
$2{,}40 : 6 = 0{,}4$; $8 : 20 = 0{,}4$; $16 : 40 = 0{,}4$;
$24 : 60 = 0{,}4$; $44{,}80 : 112 = 0{,}4$;
mais $67{,}5 \times 150 = 0{,}45$.
M. Willis a tort car la bâche de 150 m^2 est plus chère que les autres.
Prix au mètre carré de bâche lourde (en €) :
- réf. 4036 : $4{,}20 : (3 \times 2) = 0{,}7$;
- réf. 4037 : $15 : (5 \times 4) = 0{,}75$;
- réf. 4018 : $32{,}80 : (8 \times 5) = 0{,}82$;
- réf. 4019 : $54 : (10 \times 6) = 0{,}9$;
- réf. 4080 : $91{,}20 : (12 \times 8) = 0{,}95$.

Le prix au mètre carré de bâche lourde augmente avec la taille de la bâche.

1145 Coût du voyage (en €) :
$490 + 25 + 80 = 595$.
Somme à envoyer avec l'inscription (en €) :
$595 \times 0{,}2 = 119$.
Somme restant à payer (en €) :
$595 - 119 = 476$.

1146

BOUTIQUE *La Bonne Affaire*		PRIX UNITAIRE	QUANTITÉ	PRIX TOTAL
Tee-shirt tailles :	• S (34-36)	7,30 €	7	51,10 €
	• M (38-40)	7,30 €	4	29,20 €
	• L (42-44)	7,30 €	5	36,50 €
	• XL (46-48)	7,30 €	2	14,60 €
Parapluies		5,90 €	18	106,20 €
Autocollants (lot de 10)		4,40 €	8	35,20 €
Veuillez trouvez ci-joint le règlement de ma commande pour un montant total de : 272,80 €				

1147 **a)** Prix au kg du :
- saumon Alaska (en €) :
8,58 : 0,3 = 28,6.
- saumon du Pacifique (en €) :
9,1 : 0,4 = 22,75.
- saumon irlandais (en €) :
10,2 : 0,4 = 25,5.
- saumon écossais Kilt (en €) :
9,35 : 0,25 = 37,4.
- saumon écossais Scottish (en €) :
3,29 : 0,1 = 32,9.
- saumon norvégien Norge (en €) :
12,3 : 0,5 = 24,6.
- saumon norvégien Bergen (en €) :
4,7 : 0,2 = 23,5.

b) Elle peut acheter le saumon irlandais ou Alaska.

c) Il peut acheter :
- saumon Kilt (en €) : 37,4 × 0,6 = 22,44.
- saumon Scottish (en €) : 32,9 × 0,6 = 19,74.
- saumon Norge (en €) : 24,6 × 0,6 = 14,76.
- saumon Bergen (en €) : 23,5 × 0,6 = 14,1.

1148 **a)** Musique du monde.
b) Janvier : 567 ; février : 482 ; mars : 511 ; avril : 432 ; mai : 531 ; juin : 497.
Meilleures ventes : janvier.
Plus mauvaises ventes : avril
c) Total des ventes pour chaque catégorie :
Classique : 339 ; Musique du monde : 867 ;
Variétés françaises : 721 ;
Variétés internationales : 707 ;
Divers : 386
d) Nombre total de disques vendus :
339 + 867 + 721 + 707 + 386 = 3 020.
Vérification : 567 + 482 + 511 + 432 + 531 + 497 = 3 020.
e) Camembert rose :
Variétés internationales 26 %.
Camembert violet :
Classique 100 – (17 + 26 + 28 + 19) = 10 %

1149 **a)** – 4 °C.
b) 15 °C.
c) 19 °C.

d)

Dates	1/1	4/1	8/1	12/1	13/1
Température minimale	+ 4	+ 8	– 1	– 2	+ 1
Température maximale	+ 9	+ 15	+ 6	+ 7	+ 13
Amplitude thermique	5	7	7	9	14

e) (9 + 12 + 15 + 15 + 13 + 11 + 10 + 6 + 5 + 9 + 10 + 7 + 13 + 14) : 14 = 149 : 14 = 10,643.
Moyenne des températures maximales : 10,6 °C.

1150 Contenance de cette bouteille (en L) :
$0,6 : \frac{2}{5} = 0,6 \times \frac{5}{2} = 1,5$.

1151 **a)** Coût des trois lots d'outils (en €) :
10 + 11 + 9 = 30.
Coût du marteau, du tournevis et de la clé ensemble (en €) : 30 : 2 = 15.
b) Prix du marteau (en €) : 15 − 9 = 6.
Prix du tournevis (en €) : 11 − 6 = 5.
Prix de la clé (en €) : 10 − 6 = 4.

1152 **a)** Par 2.
b) 6 000 : 250 = 24 ; par 24.
c) 550 − 250 = 300 ; de 300 millions.
d) 9 ans ; 5 750 − 5 000 = 750 ; augmentation de la population mondiale : 750 millions.
e) 1975 − 1930 = 45. Il a fallu 45 ans.
2000 − 1930 = 70. Il a fallu 70 ans.
f) 14 − 5,75 = 8,25. La population aura augmenté de 8,25 milliards.

g) Évolution de la population mondiale.

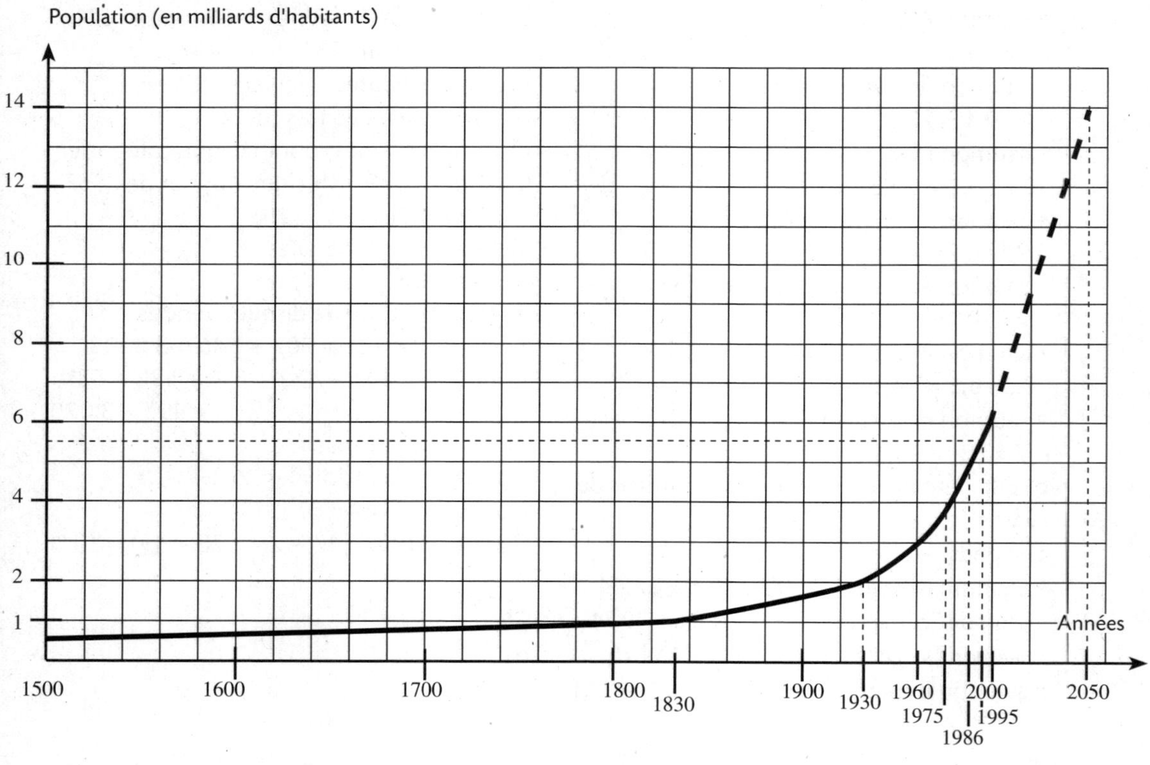

ÉVALUATIONS

Comprendre et résoudre

Poser l'opération

1 Un cinéma vend des tickets d'entrée au prix de 7,5 € l'un ou bien au prix de 36 € le carnet de 6 tickets. Quel est le prix d'un ticket du carnet ?

2 Un téléviseur qui a subi une augmentation de 26 € est maintenant affiché au prix de 279 €. Quel était le prix affiché avant l'augmentation ?

Choisir la question

3 64 joueurs se sont inscrits à un tournoi de tennis et ont payé chacun 12 €.
Le montant total des inscriptions sera redistribué aux participants sous forme de récompenses.

1. Quelle est la valeur totale des lots ?

2. Combien de joueurs n'ont pas payé leur inscription ?

3. Combien de joueurs n'auront pas de récompenses ?

4 Monsieur Lemoine achète deux DVD, l'un sur les musées nationaux, l'autre sur les volcans, affichés respectivement 35 € et 29 € ; il ne paie que 60 €.

1. Combien de DVD monsieur Lemoine aurait-il pu encore acheter ?

2. Lequel des deux DVD dure le plus longtemps ?

3. Quelle réduction le vendeur lui a-t-il consentie ?

Trouver la question

5 Un hebdomadaire propose un concours de mots fléchés. 30 000 € seront répartis également entre les dix gagnants tirés au sort parmi les bonnes réponses.

6 Un concert qui a duré 1 h 45 min s'est terminé à 22 h 15.

Supprimer les informations inutiles

7 Un automobiliste quitte Nice à 9 h 15 pour se rendre à Marseille. La distance séparant ces deux villes est de 197 km. Il effectue deux arrêts de 20 min chacun et ne dépasse jamais la vitesse de 110 km/h. Il arrive à Marseille à 12 h. Combien de temps a duré son trajet ? Combien de temps a-t-il effectivement roulé ?

8 Pour les séances d'éducation physique, une école achète le matériel suivant : un chronomètre à 26 € ; un lot de cerceaux de 40 cm de diamètre pour 34 € ; des crosses de hockey de 91 cm de hauteur pour 149 € ; un ensemble de 20 raquettes de badminton. Le coût total de la commande est de 429 €. Calcule le prix de revient d'une raquette de badminton.

S'aider d'un croquis

9 Un champ rectangulaire de 105 m de longueur et 35 m de largeur est divisé en trois parcelles carrées d'égales dimensions. Calcule le périmètre puis l'aire de chacune des parcelles.

10 Dans un village de vacances, on construit, au milieu d'une terrasse rectangulaire de 36 m de longueur et de 23 m de largeur, une piscine également de forme rectangulaire. On laisse un espace de 5,50 m entre le bord de la piscine et celui de la terrasse. Quelles sont les dimensions de cette piscine ?

Impossible : pourquoi ?

11 Le résultat final d'un match de football opposant Auxerre à Bordeaux a été de 3 buts à 2. Quel était le score à la mi-temps ?

12 David achète un billet de train aller-retour entre Paris et Montpellier. Le prix du billet est de 109 €, mais David bénéficie d'une importante réduction. Combien paiera-t-il alors son billet ?

Ordre de grandeur d'un résultat

13 Donne l'ordre de grandeur du résultat de chacune de ces opérations.

a) 399 + 505 + 614 + 292
b) 1201 – 595
c) 203 × 3,94
d) 145 × 999

14 Trouve mentalement l'ordre de grandeur du résultat à la question posée dans ces problèmes.

a) Lola achète 4 CD au prix de 9,95 € l'un. Combien va-t-elle payer ?

b) Un club de sport achète 30 tee-shirts au prix de 3,90 € l'un et un appareil de musculation valant 79 €. Calcule le montant de la dépense.

Trouver les questions intermédiaires

15 Les élèves d'une classe de CM2 participent à une randonnée cyclotouriste de 5 jours. Ils parcourent environ 15 km le matin et 20 km l'après-midi. Combien de kilomètres auront-ils parcourus au bout de 5 jours ?

16 Un glacier avance à la vitesse de 1 cm à l'heure. De quelle distance aura-t-il avancé au bout d'un an ?

Nombres et calcul

Les milliers

17 Écris ces nombres en chiffres.

a) quinze mille trente-trois
b) douze mille huit
c) quatre-vingt-quatre mille cent seize
d) cinquante mille onze
e) sept cent mille vingt-six
f) six cent douze mille cinq

18 Écris ces nombres en lettres.

a) 5 214 b) 62 030 c) 414 009

19 Classe ces nombres en ordre croissant.

51 213 – 510 000 – 5 999 – 50 312 – 501 211 – 500 00

20 Recopie et complète le tableau.

Nombre précédent	Nombre donné	Nombre suivant
	40 000	
	27 899	
	41 010	
	161 000	
	118 999	

Les millions

21 Écris ces nombres en chiffres.

a) sept millions quinze mille
b) quarante-six millions cent douze mille six
c) trente millions cinq cents
d) cent millions cinquante-trois mille
e) vingt-deux millions cent sept mille quarante

22 Écris ces nombres en lettres.

a) 408 065 000 b) 19 124 018 c) 7 006 051

23 Arrondis chaque nombre au million le plus proche.

a) 7 814 214 b) 714 021 998 c) 46 709 124

24 Recopie et complète le tableau.

Nombre précédent	Nombre donné	Nombre suivant
	2 560 000	
	4 119 999	
	6 512 000	
	80 000 000	
	4 123 899	

Les milliards

25 Écris ces nombres en chiffres.
a) trois milliards six cent millions
b) un milliard vingt-huit millions
c) six milliards neuf cent mille
d) deux milliards deux cent cinquante millions

26 Écris ces nombres en lettres.
a) 4 500 000 000 b) 6 012 500 000

Addition des nombres entiers

27 Pour la rentrée des classes, Sophie achète pour Enzo un cartable à 26 € et pour 42 € de fournitures. Pour Emma, elle n'achète que des fournitures scolaires, du même montant que pour Enzo. À combien revient la rentrée des classes pour Sophie ?

28 Pour partir aux sports d'hiver, Mathis achète des skis à 189 €, des lunettes de soleil à 29 € et des chaussures de skis pour 76 €. Calcule la dépense de Mathis.

Soustraction des nombres entiers

29 La voiture de Kenza affiche 44 397 km au compteur. Elle doit faire la vidange à 50 000 km. Quelle distance peut-elle encore parcourir avant de faire la vidange ?

30 Lucas aimerait s'acheter un lecteur CD coûtant 119 €. Or, il ne dispose que de 87 €. Combien lui manque-t-il ? Il se décide à acheter un modèle valant 79 €. Combien lui restera-t-il d'argent après son achat ?

Addition et soustraction des nombres entiers

31 Pour se rendre de Paris à Madrid, en Espagne, soit 1 347 km, Akim fait 3 étapes :
– Paris-Bordeaux : 561 km ;
– Bordeaux-Saragosse : 462 km ;
– Saragosse-Madrid.
Calcule la distance de Saragosse à Madrid.

32 Le premier étage de la tour Eiffel se trouve à 57 m du sol. Le deuxième étage se situe 58 m plus haut et le troisième étage est à 276 m du sol. La hauteur totale de la tour Eiffel est de 320 m.
À quelle hauteur du sol se situe le deuxième étage ? De combien s'élève-t-on quand on monte du deuxième étage au troisième étage ? Calcule la différence entre le sommet de la tour Eiffel et son troisième étage.

Multiplication des nombres entiers

33 Calcule le revenu annuel d'un technicien gagnant 1 605 € par mois, ayant une prime de 855 € au mois de juin et dont le mois de décembre est payé double.

34 Pour une action humanitaire, on a vendu 864 calendriers à 8 € chacun et 128 agendas valant le double des calendriers. Quelle a été la somme récoltée ?

Division des nombres entiers

35 Jérémy a acheté un lot de 12 DVD pour 180 €. Calcule le prix d'un DVD.

36 Une équipe de basket-ball a marqué 1 386 points au cours d'une saison qui a comporté 22 matchs. Calcule la moyenne de points marqués par match.

Multiplication et division des nombres entiers

37 Madame Richard achète 16 cartons de carrelage vendus 42 € pièce ; elle les paie en 6 mensualités. Calcule le montant d'une mensualité.

38 Une encyclopédie de 63 648 pages est constituée de 13 volumes valant chacun 35 €. Calcule le nombre moyen de pages par volume. Calcule le coût de cette encyclopédie.

Les nombres décimaux

39 Reproduis et complète le tableau.

6 unités et 9 centièmes	...
...	8,26
...	14,5
9 unités, 4 dixièmes et 2 millièmes	...
7 centièmes	...
5 unités et 17 centièmes	...
...	0,4

40 Classe ces nombres en ordre croissant.
6,94 – 6,817 – 5,99 – 6,8 – 5,263 – 7 – 6,07

Les fractions

41 Pour partir en vacances, Manon disposait de 53 € d'argent de poche et Théo de 51 €. Manon a dépensé les $\frac{3}{4}$ de son argent et Théo les $\frac{2}{3}$.

À qui reste-t-il le plus d'argent ?

42 Le paquet contenait 32 biscottes.

Jade en a mangé $\frac{1}{4}$ hier et aujourd'hui $\frac{1}{3}$ de ce qui restait. Combien de biscottes reste-t-il maintenant dans le paquet ?

Addition des nombres décimaux

43 Pour faire la révision de sa voiture, Pierre achète pour 23,95 € d'huile de vidange, un filtre à air à 12,55 €, un filtre à huile à 8,95 € et des bougies pour 16,38 €. Calcule le montant total de ses achats.

44 Un employé gagnant 1 343,77 € par mois est augmenté de 39 € par mois. Quel est son nouveau salaire mensuel ?

Soustraction des nombres décimaux

45 Une imprimante couleur valant 516,05 € voit son prix baisser de 25,74 €. Quel est son nouveau prix ?

46 Pour faire une clôture, Alfred achète un rouleau de grillage de 75 m de longueur. Il utilise d'abord 45,90 m, puis 13,45 m. Quelle longueur de grillage lui restera-t-il ?

Addition et soustraction des nombres décimaux

47 Lors d'un marathon (42,195 km), un athlète a une défaillance 15,300 km après le départ et doit abandonner à 12,500 km de l'arrivée. Calcule la distance parcourue entre le moment de sa défaillance et celui de son abandon.

48 Clara achète un livre à 16,27 €, un sac à dos à 27,89 € et un bouquet de fleurs valant 8,50 €. Elle donne un billet de 50 € et un billet de 20 €. Combien lui reste-t-il d'argent après ces achats ?

Multiplication d'un nombre décimal par un nombre entier

49 Un couple va au restaurant avec ses trois enfants. Les parents prennent un menu à 23,50 € et les enfants, un menu à 14,25 €. Calcule le montant de l'addition.

50 Pour isoler sa maison, Lucien achète 24 rouleaux de laine de verre à 33,48 € l'un et 4 paquets d'agrafes à 4,95 € l'un. Calcule le coût de l'isolation de la maison de Lucien.

Multiplication de deux nombres décimaux

51 Guy achète un gigot d'agneau de 1,35 kg au prix de 7,90 € le kg. Combien va-t-il payer pour cet achat ?

52 Un jus de fruits ananas-kiwi est proposé sous trois conditionnements différents : 0,75 L, 1,25 L et 2,5 L. Dans les trois cas, le prix au litre est de 1,84 €. Calcule le prix de vente des trois conditionnements.

Division d'un nombre décimal par un nombre entier

53 Agnès a dépensé 769,50 € lors d'un voyage de 9 jours en Italie. Combien a-t-elle dépensé par jour, en moyenne, lors de son séjour ?

54 Un artisan a gagné durant l'année 33 905,40 €. Calcule son gain mensuel.

Multiplication et division d'un nombre décimal par un nombre entier

55 Un club de tennis a acheté 8 raquettes au prix de 27,85 € l'une et un lot de 50 balles pour 91,50 €. Calcule le prix d'une balle de tennis. Calcule le montant total de la dépense.

56 Sur le marché, Margot achète 4 kg de poires à 2,05 € le kg et 3 kg de raisin. Elle paie en tout 15,55 €. Calcule le prix d'un kilogramme de raisin.

Grandeurs et mesure

Unités de temps

57 Alexis annonce : « Nous sommes le 5 mai. Dans 2 mois et 8 jours, c'est mon anniversaire ! » Quel est le jour de son anniversaire ?

58 Une équipe d'alpinistes a séjourné en Himalaya du 27 août au 22 octobre, afin de réaliser l'ascension du K2. Exprime la durée de l'expédition en semaines et en jours.

Mesure de durées

59 Un train quitte Paris à 16 h 29 et arrive à Granville (Manche) à 19 h 38. Quelle a été la durée du trajet ?

60 Le classement d'une course s'effectue en additionnant les temps d'un équipier à VTT et d'un équipier coureur à pied. Calcule le temps de chaque équipe et classe-les.

	VTT	Course à pied
A.S. Lainville	47 min 53 s	26 min 1 s
Coroy Club	48 min 21 s	25 min 49 s
Pertuis Sport	42 min 48 s	27 min 13 s
A.S. Sagy	46 min	25 min 36 s
Sport Armor	45 min 18 s	26 min 12 s

Mesure de longueurs

61 Pour aménager une cuisine, on dispose des éléments de 60 cm de long sur un pan de mur de 2 m. Combien d'éléments devra-t-on acheter ? Quelle portion de mur restera libre ?

62 Pour se rendre au collège, Lucie doit parcourir 700 m. Quelle distance, en km, parcourt-elle dans la semaine sachant qu'elle n'a pas cours le samedi ni le mercredi après-midi et qu'elle ne mange pas à la cantine ?

Mesure de masses

63 La charge maximale d'un ascenseur est de 300 kg. Quatre personnes pesant respectivement 76 kg, 64 800 g, 950 hg et 4 965 dag pourront-elles monter ensemble dans cet ascenseur ?

64 Sur une bascule, un camion poids lourd affiche 23,785 t. Vide, il pèse 7,555 t. Sa charge est constituée de 12 palettes pesant chacune 850 kg, 3 palettes pesant chacune 7 800 hg et 5 autres palettes. Calcule la masse unitaire, en kg, des cinq dernières palettes.

Mesure de contenances

65 Combien d'arrosoirs de 1 500 cL remplira-t-on avec un récipient de 2 700 L ?

66 Une cuve contient 24 hL. On veut la vider à l'aide d'une pompe débitant 200 L toutes les demi-heures. Quelle sera la durée du pompage ?

Volume du pavé droit

67 Une citerne de jardin, destinée à récupérer l'eau de pluie, a les dimensions suivantes : h : 1,50 m ; L : 80 cm ; l : 50 cm. Calcule, son volume, en m^3, puis en litres.

Mesure d'aires

68 Madame Masson a acheté un terrain d'une superficie de 2,5 ha. Elle l'a payé 133 500 €. Quel était le prix du m^2 ?

69 On veut repeindre le sol d'un terrain de basket-ball, soit 200 m^2, avec une peinture plastifiée pour gymnase. Un pot de 50 kg couvre 75 m^2 et coûte 192 €. Combien de pots de peinture faudra-t-il acheter ? Quelle sera la dépense totale ?

Le périmètre du rectangle

70 Un agriculteur entoure une prairie rectangulaire (L : 520,20 m ; l : 239,80 m) d'une triple rangée de fil de fer barbelé. Le fil est vendu en rouleaux de 50 m, valant 13,70 € pièce. Que peux-tu calculer ?

71 Monsieur Carré encadre deux tableaux d'une fine baguette de bois. L'un mesure 1,20 m de longueur sur 75 cm de largeur, l'autre mesure 1,05 m de longueur sur 58 cm de largeur. Quelle longueur de baguette de bois devra-t-il acheter ?

L'aire du rectangle

72 Dans une salle à manger de 8,20 m de longueur sur 4,50 m de largeur, on pose du carrelage valant 28 € le m^2. Calcule la dépense totale pour l'achat de ce carrelage.

73 Un terrain rectangulaire de 487,50 m^2 et de 25 m de façade est vendu 67 275 €. Calcule l'autre dimension du terrain. S'agit-il de la longueur ou de la largeur ? Calcule le prix de vente du mètre carré.

Le périmètre du carré

74 On encadre une aquarelle carrée de 55 cm de côté avec un cadre valant 24 € le mètre. La main-d'œuvre s'élevant à 58 €, calcule le coût total de l'encadrement de cette aquarelle.

75 Monsieur et madame Leroy reçoivent à dîner monsieur et madame Chevallier. Ils s'installent sur une table carrée de 3,60 m de périmètre. De quelle largeur dispose chaque personne ?

L'aire du carré

76 On construit un parking carré de 180 m de périmètre en prévoyant 12 m^2 par véhicule. Combien de véhicules pourront stationner sur ce parking, sachant qu'il comporte une voie d'accès de 165 m^2 ?

77 Un bassin carré de 12,50 m de côté ne peut accueillir plus de deux personnes pour 6 m^2. Quel est le nombre maximal de personnes qui peuvent s'y baigner en même temps ?

Aire de surfaces décomposables

81 Calcule l'aire de la surface gris clair.

L'aire du triangle

78 Calcule l'aire totale colorée en gris.

Le périmètre du cercle

79 Dans un jardin public, cinq pelouses circulaires de 9 m de diamètre doivent être entourées d'un grillage bas. Calcule la longueur de grillage nécessaire.

80 Un artisan fabrique des dessous-de-plat en bois (diamètre : 18 cm) qu'il entoure d'un ruban de cuivre. Quelle longueur de ruban de cuivre devra-t-il prévoir pour entourer sa production hebdomadaire de 45 dessous-de-plat ?

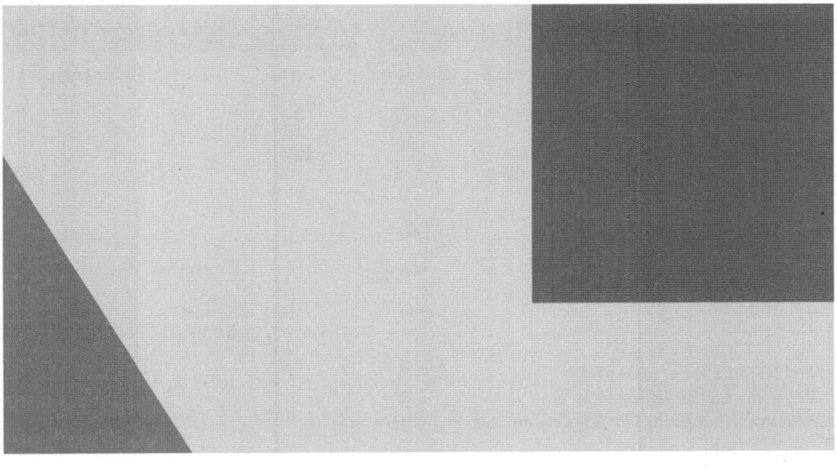

Organisation et gestion de données

Proportionnalité

82 Margot vient de s'acheter deux albums de bandes dessinées parmi une série qui comporte cinq titres. Elle a payé 26 € pour ces deux albums. Quelle somme aurait-elle payée si elle avait acheté les cinq titres de la collection ?

83 Le trésorier d'une association remarque que les cotisations des 173 adhérents ont rapporté cette année la somme de 4 498 €. L'association espère que, l'an prochain, le nombre d'adhérents atteindra les 200. Combien rapporteront alors les cotisations ?

Proportionnalité : les pourcentages

84 Un appareil photo qui valait 169 € a vu son prix baisser de 10 %. Quel est le nouveau prix de cet appareil photo ?

85 650 candidats se présentent à un examen. 70 % d'entre eux réussissent la première série d'épreuves et peuvent se présenter à la seconde série ; 40 % de ceux-ci sont finalement reçus à l'examen. Quel est le nombre de candidats reçus à l'examen ?

Proportionnalité : les échelles

86 Sur une carte à l'échelle 1/250 000, l'itinéraire que nous avons choisi pour nous rendre en week-end mesure 38,5 cm. Quelle distance allons-nous parcourir ?

87 Quelle distance sépare deux villes éloignées à vol d'oiseau de 325 km, sur une carte à l'échelle 1/2 500 000 ?

Proportionnalité : vitesse - durée - distance

88 Un club de marche nordique vient d'effectuer une sortie d'1 h 30 min à la vitesse moyenne de 7 km/h. Quelle a été la distance parcourue lors de cette sortie ?

89 Adrien effectue chaque jour en scooter le trajet entre son domicile et son lieu de travail. Il parcourt ainsi une distance de 37,5 km à la vitesse moyenne de 50 km/h. Calcule la durée de son trajet journalier. Donne le résultat en heure, puis en minutes.

Lecture de données

90 Voici les meilleurs tarifs aller–retour au départ de Paris.

SNCF ALLER RETOUR					AVION ALLER RETOUR			
Destination	Plein tarif	Découverte 30 j[1]	Découverte 8 j[2]	Carte réduc.[3]	Air Voyages	Air Bleu Ciel	Air Europe	Air Aventure
Nice	132	64	92	55	104	108	–	–
Toulouse	129	59	76	59	88	–	93	87
Strasbourg	80	36	52	40	73	–	78	–
Montpellier	109	55	79	46	88	93	104	–
Marseille	109	55	79	46	88	93	–	119
Bordeaux	103	49	61	46	73	–	78	–

[1]Achat du billet 30 jours avant le départ.
[2]Achat du billet 8 jours avant le départ.
[3]Cartes de réduction : jeunes de 12 à 25 ans, familles de 3 enfants et plus.

Vrai ou faux ?

a) Le plein tarif SNCF le plus élevé concerne la distance Paris-Toulouse.

b) C'est sur le trajet Paris-Nice que l'on a une plus grande diminution de tarif avec la carte de réduction SNCF.

c) Air Europe dessert moins de villes que Air Bleu Ciel.

d) Si on voyage à plein tarif avec la SNCF, les compagnies aériennes sont toutes moins chères sur toutes les destinations proposées.

e) Le billet SNCF Découverte acheté 8 jours avant le départ est moins cher que les tarifs proposés par toutes les compagnies aériennes sur chaque destination.

f) Monsieur et madame Lebrun et leurs deux enfants (14 et 16 ans) doivent se rendre à Bordeaux. Ils comparent donc les différentes possibilités. (Attention : on ne peut pas profiter de deux avantages en même temps. Le billet Découverte 30 jours ne les intéresse pas.) Calcule le montant de chaque possibilité.

Géométrie

La symétrie

91 Reproduis cette figure, puis trace la figure symétrique par rapport à l'axe noir.

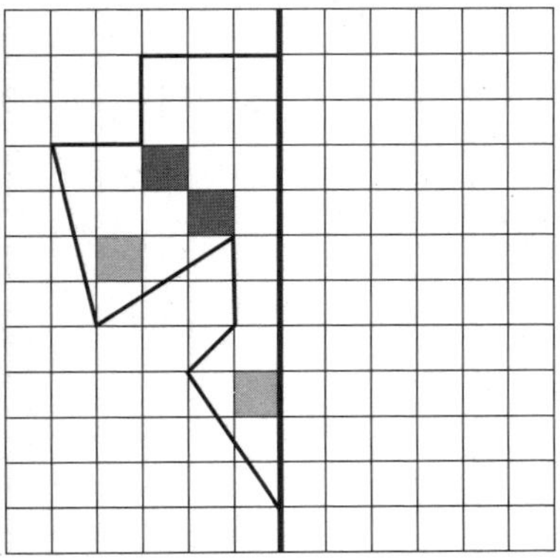

92 Reproduis cette figure, puis trace en rouge son ou ses axes de symétrie.

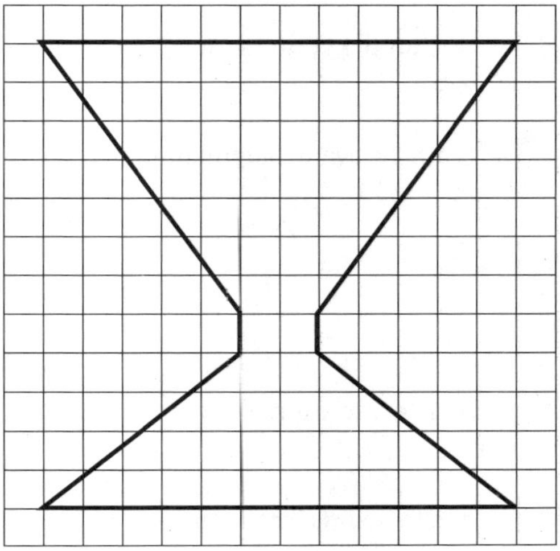

Reproduction et construction de figures

93 Trace la figure qui correspond à ce programme.

a) Trace un segment AB de 10 cm de longueur.

b) Marque un point E sur le segment AB tel que AE = 3 cm.

c) Trace un segment CD perpendiculaire à AB et passant par le point E, tels que CE = 6 cm et ED = 3 cm.

d) Trace les segments AC et AD.

e) Trace un cercle dont le centre sera situé sur le segment EB et de diamètre égal à ce segment.

CORRIGÉS DES ÉVALUATIONS

1 Prix d'un ticket du carnet (en €) :
36 : 6 = 6.

2 Prix affiché avant l'augmentation (en €) :
279 – 26 = 253.

3 N° 1

4 N° 3

5 Quel le montant du gain de chaque joueur ?

6 À quelle heure à commencé le concert ?

7 Information inutile : La distance séparant les deux villes est de 197 km.

8 Informations inutiles : de 40 cm de diamètre et 91 cm de hauteur.

9

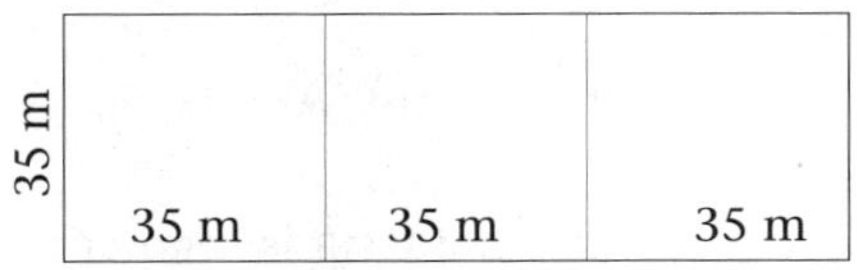

Périmètre d'une parcelle (en m) :
35 × 4 = 140.
Aire d'une parcelle (en m²) :
35 × 35 = 1 225.

10

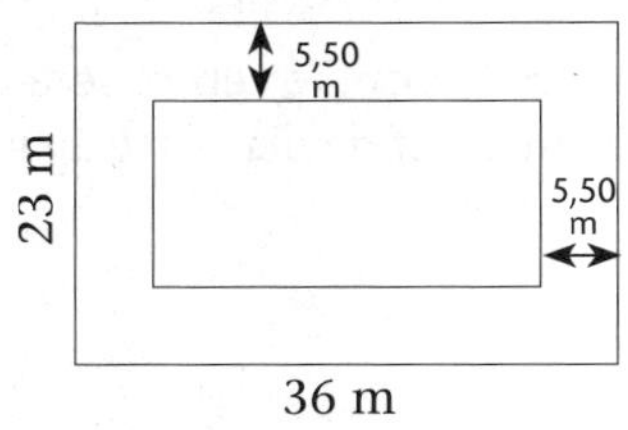

Dimensions de la piscine (en m) :
longueur : 36 – (5,5 × 2) = 25 ;
largeur : 23 – (5,5 × 2) = 12.

11 Le score définitif ne permet pas de trouver le score à la mi-temps.

12 On ne connaît pas le montant de la réduction.

13 **a)** 400 + 500 + 600 + 300 = 1 800
b) 1 200 – 600 = 600
c) 200 × 4 = 800
d) 145 × 1 000 = 145 000

14 **a)** Ordre de grandeur de la somme payée (en €) : 4 × 10 = 40.
b) Ordre de grandeur de la somme payée (en €) : (30 × 4) + 80 = 120 + 80 = 200.

15 Quelle est la distance parcourue chaque jour ?

16 De quelle distance avance-t-il chaque jour ?

17 **a)** 15 033 **b)** 12 008
c) 84 116 **d)** 50 011
e) 700 026 **f)** 612 005

18 **a)** cinq mille deux cent quatorze
b) soixante-deux mille trente
c) quatre cent quatorze mille neuf

19 5 999 – 50 312 – 51 213 – 500 000 – 501 211 – 510 000

20

Nombre précédent	Nombre donné	Nombre suivant
39 999	40 000	40 001
27 898	27 899	27 900
41 009	41 010	41 011
160 999	161 000	161 001
118 998	118 999	119 000

21 a) 7 015 000 b) 46 112 006 c) 30 000 500 d) 100 053 000 e) 22 107 040

22 a) quatre cent huit millions soixante-cinq mille
b) dix neuf millions cent vingt-quatre mille dix-huit
c) sept millions six mille cinquante et un

23 a) 8 000 000 b) 714 000 000 c) 47 000 000

24

Nombre précédent	Nombre donné	Nombre suivant
2 559 999	2 560 000	2 560 001
4 119 998	4 119 999	4 120 000
6 511 999	6 512 000	6 512 001
79 999 999	80 000 000	80 000 001
4 123 898	4 123 899	4 123 900

25 a) 3 600 000 000
b) 1 028 000 000
c) 6 000 900 000
d) 2 250 000 000

26 a) quatre milliards cinq cent millions
b) six milliards douze millions cinq cent mille

27 Coût de la rentrée des classes (en €) :
26 + 42 + 42 = 110.

28 Dépense de Mathis (en €) :
189 + 29 + 76 = 294.

29 Distance qu'elle peut encore parcourir avant de faire la vidange (en km) :
50 000 − 44 397 = 5 603.

30 Il manque à Romain (en €) :
119 − 87 = 32.
Il lui restera (en €) : 87 − 79 = 8.

31 Distance entre Saragosse et Madrid (en km) :
1 347 − (561 + 462) = 324.

32 Le deuxième étage se trouve (en m) :
57 + 58 = 115.
On s'élève de (en m) :
276 − 115 = 161.
Différence entre la hauteur totale et le troisième étage (en m) :
320 − 276 = 44.

33 Revenu annuel d'un technicien (en €) :
(13 × 1605) + 855 = 20 865 + 855
= 21 720.

34 Somme récoltée (en €) :
(864 × 8) + (128 × 16) = 6 912 + 2 048
= 8 960.

35 Prix d'un DVD (en €) : 180 : 12 = 15.

36 Moyenne de points marqués par match :
1 386 : 22 = 63.

37 Prix des cartons (en €) :
42 × 16 = 672.
Montant d'une mensualité (en €) :
672 : 6 = 112.

38 Nombre moyen de pages par volume :
63 648 : 13 = 4 896.
Coût de cette encyclopédie (en €) :
35 × 13 = 455.

39

6 unités et 9 centièmes	6,09
8 unités, 2 dixièmes et 6 centièmes	8,26
1 dizaine, 4 unités et 5 dixièmes	14,5
9 unités, 4 dixièmes et 2 millièmes	9,402
7 centièmes	0,07
5 unités et 17 centièmes	5,17
4 dixièmes	0,4

40 5,263 – 5,99 – 6,07 – 6,8 – 6,817 – 6,94 – 7

41 Somme d'argent restant à Manon (en €) :

$53 - (53 \times \frac{3}{4}) = 53 - 39,75 = 13,25.$

Somme d'argent restant à Théo (en €) :

$51 - (51 \times \frac{2}{3}) = 51 - 34 = 17.$

C'est à Théo qu'il reste le plus d'argent.

42 Nombre de biscottes qu'elle a mangées hier :

$32 \times \frac{1}{4} = 8.$

Nombre de biscottes restant dans le paquet :
32 – 8 = 24.
Nombre de biscottes qu'elle a mangées aujourd'hui : $24 \times \frac{1}{3} = 8.$
Nombre de biscottes restant maintenant dans le paquet : 24 – 8 = 16.

43 Montant total de ses achats (en €) :
23,95 + 12,55 + 8,95 + 16,38 = 61,83.

44 Nouveau salaire mensuel (en €) :
1 343,77 + 39 = 1 382,77.

45 Nouveau prix de l'imprimante (en €) :
516,05 – 25,74 = 490,31.

46 Il lui restera (en m) :
75 – (45,90 + 13,45) = 75 – 59,35 = 15,65.

47 Distance parcourue entre la défaillance de l'athlète et son abandon (en km) :
42,195 – (15,300 + 12,500) = 14,395.

48 Somme qu'il lui reste (en €) :
(50 + 20) – (16,27 + 27,89 + 8,5)
= 70 – 52,66 = 17,34.

49 Montant de l'addition (en €) :
(23,5 × 2) + (14,25 × 3) = 47 + 42,75
= 89,75.

50 Coût de l'isolation de la maison (en €) :
(33,48 × 24) + (4,95 × 4)
= 803,52 + 19,8 = 823,32.

51 Prix du gigot d'agneau (en €) :
1,35 × 7,9 = 10,665.

52 Prix de vente pour 0,75 L (en €) :
0,75 × 1,84 = 1,38.
Prix de vente pour 1,25 L (en €) :
1,25 × 1,84 = 2,3.
Prix de vente pour 2,5 L (en €) :
2,5 × 1,84 = 4,6.

53 Dépense moyenne par jour (en €) :
769,5 : 9 = 85,5.

54 Gain mensuel de l'artisan (en €) :
33 905,40 : 12 = 2 825,45.

55 Prix d'une balle de tennis (en €) :
91,5 : 50 = 1,83.
Montant total de la dépense (en €) :
(27,85 × 8) + 91,5 = 222,8 + 91,5 = 314,3.

56 Prix d'un kilogramme de raisin (en €) :
[15,55 – (2,05 × 4)] : 3 = 7,35 : 3 = 2,45.

57 Jour de l'anniversaire d'Alexis :
5 mai + 2 mois = 5 juillet ;
5 juillet + 8 jours = 13 juillet.

58 Durée de l'expédition :
5 + 30 + 22 = 57 jours ;
soit 8 semaines et 1 jour.

59 Durée du trajet :
19 h 38 – 16 h 29 = 3 h 09 min.

60 A.S. Lainville :
47 min 53 s + 26 min 1 s = 1 h 13 min 54 s.
Coroy Club :
48 min 21 s + 25 min 49 s = 1 h 14 min 10 s.
Pertuis Sport :
42 min 48 s + 27 min 13 s = 1 h 10 min 1 s.
A.S. Sagy :
469 min + 25 min 36 s = 1 h 11 min 36 s.
Sport Armor :
45 min 18 s + 26 min 12 s = 1 h 11 min 30 s.
1er : Pertuis Sport ; 2e : Sport Armor ;
3e : A.S. Sagy ; 4e : A.S. Lainville ;
5e : Coroy Club.

61 2 m = 200 cm. Portion de mur utilisée (en cm) : 200 : 60 = 3 ; reste 20 cm.

62 Distance parcourue dans la semaine (en m) : [(700 × 4) × 4] + (700 × 2)
= 11 200 + 1 400 = 12 600 ; soit 12,6 km.

63 Poids total des 4 personnes (en kg) :
76 + 64,8 + 95 + 49,65 = 285,45.
Elles pourront monter ensemble dans l'ascenseur.

64 Masse de la charge du camion (en t) :
23,785 – 7,555 = 16,230.
Masse des 12 palettes (en kg) :
850 × 12 = 10 200 ; soit 10,2 t.
Masse des 3 palettes (en hg) :
7 800 × 3 = 23 400 ; soit 2,340 t.
Masse des 5 palettes (en t) :
16,230 – (10,2 + 2,340) = 16,230 – 12,540
= 3,690.
Masse unitaire d'une palette (en t) :
3,690 : 5 = 0,738 ; soit 738 kg.

65 1 500 cL = 15 L.
Nombre d'arrosoirs : 2 700 : 15 = 180.

66 24 hL = 2 400 L.
Durée du pompage (en 1/2 heure) :
2 400 : 200 = 12 ; soit 6 heures.

67 Volume de la citerne (en m^3) :
1,5 × 0,5 × 0,8 = 0,6 ; soit 600 L.

68 2,5 ha = 25 000 m^2.
Prix du m^2 (en €) : 133 500 : 25 000 = 5,34.

69 Nombre de pots nécessaires :
200 : 75 = 2,66 ; soit 3 pots.
Dépense totale (en €) : 192 × 3 = 576.

70 Périmètre de la prairie (en m) :
(520,20 + 239,80) × 2 = 1 520.
Longueur de fil nécessaire (en m) :
1 520 × 3 = 4 560.
Nombre de rouleaux nécessaires :
4 560 : 50 = 91,2 ; soit 92 rouleaux.
Dépense totale (en €) :
13,70 × 92 = 1 260,40.

71 Longueur de baguette nécessaire (en cm) :
(120 + 75) × 2 = 390 ;
(105 + 58) × 2 = 326 ;
390 + 326 = 716 ; soit 7,16 m.

72 Dépense totale (en €) :
(8,2 × 4,5) × 28 = 36,9 × 28 = 1 033,2.

73 Autre dimension (en m) :
487,50 : 25 = 19,50.
Cette dimension étant la plus petite des deux, il s'agit de la largeur.
Prix du mètre carré (en €) :
67 275 : 487,50 = 138.

74 Périmètre du cadre (en cm) :
55 × 4 = 220 ; soit 2,20 m.
Prix du cadre (en €) : 2,20 × 24 = 52,80.
Coût total (en €) : 52,80 + 58 = 110,80.

75 Largeur disponible pour chaque personne (en m) : 3,6 : 4 = 0,9.

76 Côté du parking (en m) : 180 : 4 = 45.
Aire du parking (en m^2) : 45 × 45 = 2 025.
Aire de stationnement totale (en m^2) :
2 025 – 165 = 1 860.
Nombre de véhicules pouvant stationner dans ce parking : 1 860 : 12 = 155.

77 Aire du bassin (en m^2) :
12,50 × 12,50 = 156,25.
Nombre de personnes pouvant se baigner en même temps : (156,25 : 6) × 2 = 52.

78 Aire totale (en cm^2) :
3 × [(2 × 3) : 2] = 3 × 3 = 9.

79 Longueur de grillage nécessaire (en m) :
(3,14 × 9) × 5 = 28,26 × 5 = 141,3.

80 Longueur de ruban de cuivre nécessaire (en m) : (0,18 × 3,14) × 45
= 0,5652 × 45 = 25,434.

81 Aire du triangle (en cm^2) :
(2,5 × 4) : 2 = 5.
Aide du carré (en cm^2) : 4 × 4 = 16.
Aire de la surface verte (en cm^2) :
(11 × 6) – (5 + 16) = 66 – 21 = 45.

82 Prix d'achat des cinq titres (en €) :
(26 : 2) × 5 = 13 × 5 = 65.

83 Cotisation d'un adhérent (en €) :
4 498 : 173 = 26.
Cotisations que rapporteront 200 adhérents (en €) : 26 × 200 = 5 200.

84 Nouveau prix de l'appareil photo (en €) :
169 – (169 × 0,1) = 169 – 16,9 = 152,1.

85 Nombre de candidats admis lors de la première série d'épreuves :
(650 × 70) : 100 = 45 500 : 100 = 455.
Nombre de candidats reçus à l'examen :
(455 × 40) : 100 = 18 200 : 100 = 182.

86 Distance à parcourir (en cm) :
38,5 × 250 000 = 9 625 000 ; soit 96,25 km.

87 325 km = 32 500 000 cm.
Distance entre les deux villes (en cm) :
32 500 000 : 2 500 000 = 13.

88 1 h 30 = 1,5 h.
Distance parcourue lors de la sortie (en km) :
1,5 × 7 = 10,5.

89 Durée de son trajet journalier (en h):
37,5 : 50 = 0,75 ; soit 0,75 × 60 = 45 minutes.

90 **a)** faux
b) vrai (77 €)
c) faux
d) faux (Marseille : Air Aventure)
e) vrai
f) SNCF plein tarif (en €) :
(103 × 2) + (46 × 2) = 206 + 92 = 298.
SNCF Découverte 8 jours (en €) :
61 × 4 = 244.
Air Voyages (en €) : 73 × 4 = 292.
Air Europe (en €) : 78 × 4 = 312.

91

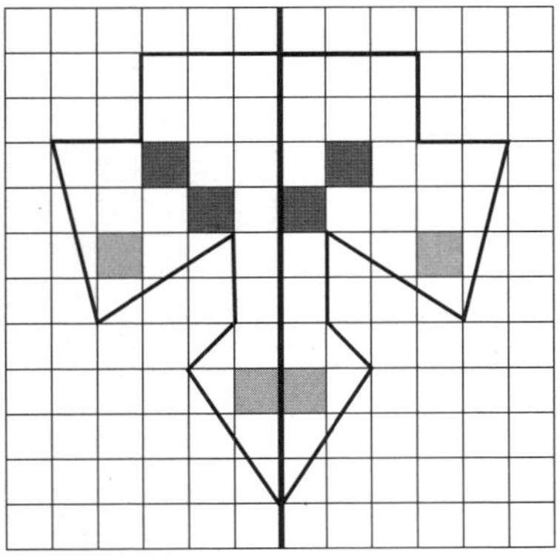

92

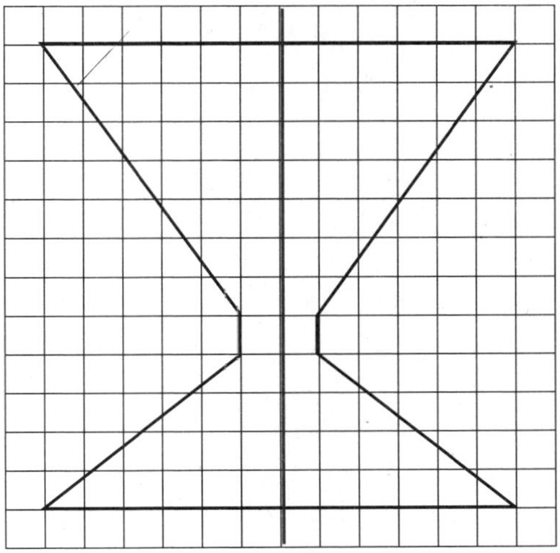

93

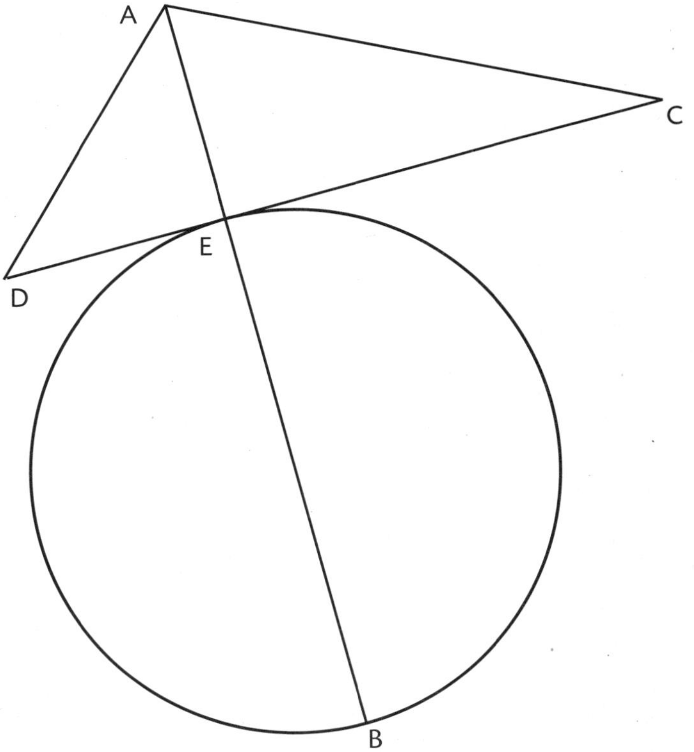

Achevé d'imprimé en Belgique par SNEL
Dépôt légal : 07/2012 – Collection n°03 – Édition n°03
11/7532/2